黄河國家治理文獻集成（民國卷）第十三册

《黄河國家治理文獻集成》編委會 編

總第七十七册

黄河概況及治本探討

黄河水利委員會 編

楊怡 編

對于山東董莊黄河堵口工程合龍閉氣之談話及根本治黄之意見

孔祥榕 著

楊怡 編

内蒙古出版集團

内蒙古人民出版社

圖書在版編目（CIP）數據

黄河概況及治本探討 / 黄河水利委員會編；楊怡編．對于山東董莊黄河堵口工程合龍閉氣之談話及根本治黄之意見 / 孔祥榕著；楊怡編．-- 呼和浩特 ：內蒙古人民出版社，2025．8．--（黄河國家治理文獻集成）．
-- ISBN 978-7-204-18460-6

Ⅰ．TV882.1

中國國家版本館 CIP 數據核字第 2025NC9736 號

黄河概況及治本探討　　　　**對于山東董莊黄河堵口工程合龍閉氣之談話及根本治黄之意見**

黄河水利委員會　編　　　　孔祥榕　著

編　　者　楊　怡
策劃編輯　王　瑶
責任編輯　特日格勒
裝幀設計　劉那日蘇　吉　雅　安立新
責任監印　包鐵柱
出版發行　內蒙古出版集團　內蒙古人民出版社
地　　址　呼和浩特市新城區中山東路 8 號波士名人國際 B 座 5 層
網　　址　http：//www.impph.cn
印　　刷　內蒙古愛信達教育印務有限責任公司
開　　本　880mm × 1230mm　1/16
印　　張　12.5
字　　數　140 千
版　　次　2025 年 8 月第 1 版
印　　次　2025 年 8 月第 1 次印刷
印　　數　1—1000 册
書　　號　ISBN 978-7-204-18460-6
定　　價　105.00 元

編纂委員會

引言

千古河流成沃野，幾年沙勢自風湍。

得益于黄河冲積所帶來的疏松土質和有機物，中華先民利用石製工具開始了農業生産，并逐步發展出旱地粟作農業，『能够最大程度保障食物供給的穩定性，奠定了中華文明起源和形成的堅實基礎』〔一〕。而利用河水灌溉，提高區域可預測農業産量，『在産業史上起着最有决定性的作用』〔二〕。隨後，技術進步、經濟發展、人口增加，讓先民的文化生活大爲豐富。嚴文明先生評價道：『這是一場影響深遠的革命。』〔三〕在這場革命中，平衡水、沙、産、人四者之間的關係，始終是黄河治理的核心問題。四者關係一旦失衡，就容易引發諸多灾患。

歷史上，黄河下游因人口稠密、經濟發達，一直是學術界關注的重點。但自河源至今内蒙古托克托縣河口鎮的黄河上、中游區域，雖遠離王畿，人口稀疏，却也一直備受關注，人們逐步認識到黄河全流域治理是國家的重要任務。《漢書》載：『堤防之作，近起戰國，雍防百川，各以自利。』〔四〕没有全流域的協同治理，僅靠各地分段築堤，則黄河河患無法解决。秦建立了中國歷史上第一個中央集權大一統王朝，秦始皇東巡碣石，刻石銘記『决通川防，夷去險阻』〔五〕，開啓中央政府調動各要素治黃之先河，這『在中國，實質上是國家的一種職能』〔六〕。同時，國家通過對黃河的有效治理，爲沿黃流域人民群衆乃至其他地區人民群衆提供了重要的公共物品和産業支撑，成爲人民群衆眼中中央政府的功過評價指標之一。因此，治黃在增强沿黃各族群國家、政治、文化認同的基礎上，强化了中國大一統國家的合法性，成爲歷代國家治理能力的一個重要測度。

一、黃河治理維護了國家的社會穩定

從秦并六國到漢朝建立大一統國家，中國統一的多民族國家形成并得到初步發展。當時中央政府對所轄疆域有『北邊郡』和『内郡』之稱。内蒙古額濟納旗出土的居延漢簡有載，『豤（墾）田以鐵器爲本北邊郡毋鐵官印器内郡令郡以時博賣予細民毋令豪富吏民得多取販賣細民』，可以看出北邊郡是與内郡相對應的行政管轄區域。《史記》卷二十八『封禪書第六』載：『上乃遂去，並（并）海上，北至碣石，巡自遼西，歷北邊至九原。』〔七〕。《史記》卷三十『平準書第八』載：『天子北至朔方，東到太山，巡海上，並（并）北邊以歸。』〔八〕司馬遷多次提及北邊，足見統治者對北邊治理的重視。

漢武帝時，齊人延年提出從今内蒙古引黃河水經今北京一帶，向東注入渤海，以衛北部邊疆。『是時方事匈奴，興功利，言便宜者甚衆。齊人延年上書言：「河出昆侖，經中國，注勃海，是其地勢西北高而東南下也。可案圖書，觀地形，令水工準高下，開大河上領，出之胡中，東注之海。如此，關東長無水災（灾），北邊不憂匈奴，可以省隄（堤）防備塞，士卒轉輸，胡寇侵盜（盗），覆軍殺將，暴骨原野之患。天下常備匈奴而不憂百越者，以其水絶壤斷也。此功壹（一）成，萬世大利。」』〔九〕《史記》卷二十四『樂書第二』載：『天馬來兮從西極，經萬里兮歸有德。承靈威兮降外國，涉流沙兮四夷服。』〔十〕如今，包頭地區出土了『四夷盡服』瓦當，出土文物與傳世文獻的呼應，成爲黄河治理維護祖國北部邊疆穩定的見證。

《史記》卷三十『平準書第八』載：『嚴助、朱買臣等招來東甌，事兩越，江淮之閒（間）蕭然煩費矣。唐蒙、司馬相如開路西南夷，鑿山通道千餘里，以廣巴蜀，巴蜀之民罷焉。彭吳（吴）賈滅朝鮮，置滄海之郡，則燕齊之閒（間）靡然發動。及王恢設謀馬邑，匈奴絶和親，侵擾北邊，兵連而不解，天下苦其勞，而干戈日滋。』〔十一〕清代《汾陽縣志》卷十三『藝文』收録曹學閔《開修黄蘆嶺車路紀德政碑記》，上載：『永寧州，界連西陲，北達邊外歸綏諸路，商賈遠貿粟麥，泛皮船隨黄流南下，聚于州西磧口，一府之民仰利賴焉。而東至太原，南抵平陽，州縣凡二十餘，亦視汾爲橐鑰，蓋所繫非特一方生計矣。』〔十二〕民國時期，東北淪陷後，開發西北刻不容緩，而『黄河中游之水利，自應加以擴充及整理，藉（借）收桑榆之效，以挽狂瀾於（于）萬一』〔十三〕。

因黄河流域自然條件優越，歷朝歷代都十分重視對此地的開發，通過强有力的國家干預方式推動各類産業的發展，爲中國北部疆域的形成和社會穩定奠定了基礎。

二、民族交往、物資交流、技術轉移促成黃河治理共同體

《史記》卷十五『六國年表第三』載：秦始皇三十三年（前214），『築長城河上，蒙恬將三十萬』[十四]。這數十萬人中，擁有一技之長的人員不在少數。由此，邊地人口不斷增多，而豐富的物産則促進了商品交流與統一市場的形成。西漢《鹽鐵論・力耕第二》記録了『异物内流』的情形：『是以贏（騾）驢馲駞（駝），銜尾入塞，驒騱騵馬，盡爲我畜，鼲鼦狐貉，采旃文罽，充於（于）内府，而璧玉珊瑚瑠（琉）璃，咸爲國之寶。』[十五]此後，黃河北岸的『贏（騾）驢馲駞（駝）』『驒騱騵馬』『鼲鼦狐貉』『采旃文罽』與西南織錦、中原麻織、農作物等物資相互交流，逐步形成統一的國内大市場，加强了邊疆與其他地區的經濟聯繫，促進了邊疆特色産業的發展。

隨着民族交往交流交融的增强，清代以降，黃河流域内蒙古段輸入到内地的也不僅僅是『异寶』了。《綏遠通志稿・水路》載：『自乾隆以還。口外墾殖日廣。民殷物阜。出境之油、糧、鹽、鹼（碱）、甘草各貨。入境之日用雜貨。山西與歸綏往來之商運。凡經河路者皆以托屬河口爲唯一之碼頭。』[十六]從清乾隆年間到民國時期，由内蒙古經黃河運到山西的貨物有糧、油、鹽、碱、藥材、皮毛等，其中以糧油爲最大宗。糧食品種主要有糜黍、穀子、高粱、豆類及玉米、大小麥

等，油料主要是胡麻。內蒙古供貨支綫有從阿拉善盟阿拉善左旗吉蘭泰鹽池到山西吕梁市磧口鎮的運鹽駝路，五原縣、臨河區一帶各大幹渠的運糧水道，杭錦旗、達拉特旗的甘草馱運綫，鄂托克旗的運碱駝路。內蒙古段各條支綫以供貨爲主，山西段若干支綫以運銷爲主。

《臨縣志》載：『清朝乾隆至民國年間，陝、甘、綏、蒙等地的物資，通過此航綫運達磧口，再用牲口馱運到離石、吴城，轉運至東路（汾、平、介、孝等縣）。據民國 20 年（1931）統計，每年從綏遠磴口航至磧口的貨船不下 4000 餘艘』『是陝、甘、綏、寧與晋西北物資集散之重鎮』。[十七]可見，內蒙古在甘肅、寧夏與陝西、山西等沿黄上下游物資交易中起到了重要的聯結作用；同時也吸引了山西、陝北、河北、山東、甘肅等地的農民遷移至此，并將開渠打壩、引水澆地等農業生產技術、手工技術和商業貿易經營方式帶到這裏。他們在此扎根，除了從事農業生產外，還挖甘草、下窑背炭、在黄河上拉船、在沙漠中拉駱駝、打短工放冬羊、開碾磨油坊，等等。不同地域、不同民族的人們合力修築河渠、引水興業，逐漸形成休戚與共的共同體。其間積纍的產品交易、商業管理、社會治理等方面的經驗，在今天依然有借鑒意義。

清代『首重治河，探河源以窮水患』[十八]，但更深層次的考量是『宣揚大一統及增强國家認同』[十九]。黄河流域人口基數大、分布廣，而全流域治理理念將不同地區、不同民族的人們凝聚成命運共同體，而『大一統』理念正是這一治理實踐的核心主題。

三、黄河流域拓展了中國的發展空間

早期統治者因巡幸及邊防建設所需，統籌管理沿黄河運與秦直道等沿黄馬道，維持着中央政府對北邊的有效治理。河套平原引黄渠道的建設爲秦漢王朝屯田事業提供了基本的水利保證，并將這些區域變成防禦北部邊患的大後方與根據地。于是，沿黄馬道、沿黄河運與萬里茶道、草原絲路等陸路運輸聯通起來，促進了中華文明與其他文明的交流互鑒，拓展了新的發展空間。

新中國成立之後，沿黄各族兒女在中國共産黨的領導下團結合作、艱苦奮鬥，實現了大河安瀾。黄河流域建立起行之有效的防洪抗汛機制，支撑着沿岸的産業發展，改善了周邊生態環境。當代治黄史證明，正是由于中國共産黨的正確領導以及集中力量辦大事的制度優勢，纔從根本上減輕了河患的威脅。進入新時代，黄河流域在築牢安瀾根基的同時，以蓬勃活力拓展着中國的發展空間。沿黄九省區在協同發展中不斷釋放潛力，讓黄河流域成爲國家區域協調發展戰略中不可或缺的重要一極，爲中國的發展源源不斷地注入新動能。

綜上所述，黄河流域的治理不是單純的河道治理、生態環境治理或社會治理，而是一種關涉水、沙、産、人四者關係的系統性、協同性治理，是推動國家可持續發展的動力，也是厘清國家治理與邊疆治理兩者動態交互實際效果的絶佳視角。而黄河工程等『中國本土理論資源、學術積纍』〔二十〕，有助于研究國家治理的演進歷程。進入新時代，黄河治理與國家治理的關係研究不斷開闢新視角、持續涌現新成果，其中鑄牢中華民族共同體意識、邊疆治理與黄河流域生態保護和高質量發展成爲非常重要的研究視角。因此，基于這一角度搜集整理黄河國家治理文獻，意義重大。《黄河國家治理文獻集成》，應運而生。

本叢書系統梳理了黄河治理的歷史脉絡與經驗，既爲新時代黄河流域生態保護和高質量發展提供了歷史鏡鑒，更以文獻爲載體，傳承了治理智慧、凝聚了民族力量，是服務國家發展戰略、鑄牢中華民族共同體意識的重要學術實踐。

《黄河國家治理文獻集成》編委會

二〇二五年一月

〔一〕韓建業：《中華文明的起源和形成》，載《中華民族共同體研究》2022年第4期，第80–91+172頁。

〔二〕中共中央馬克思恩格斯列寧斯大林著作編譯局：《馬克思恩格斯選集》第二卷，人民出版社，2014年，第240頁。

〔三〕嚴文明：《黄河流域文明的發祥與發展》，載《華夏考古》1997年第1期，第49–54+113頁。

〔四〕（漢）班固：《漢書》卷二十九「溝洫志第九」，中華書局，1964年，第1692頁。

〔五〕（漢）司馬遷：《史記》卷六「秦始皇本紀第六」，中華書局，1963年，第252頁。

〔六〕冀朝鼎：《中國歷史上的基本經濟區與水利事業的發展》，朱詩鰲譯，中國社會科學出版社，1981年，第7頁。

〔七〕（漢）司馬遷：《史記》卷二十八「封禪書第六」，中華書局，1963年，第1398-1399頁。

〔八〕（漢）司馬遷：《史記》卷三十「平準書第八」，中華書局，1963年，第1441頁。

〔九〕（漢）班固：《漢書》卷二十九「溝洫志第九」，中華書局，1964年，第1686頁。

〔十〕（漢）司馬遷：《史記》卷二十四「樂書第二」，中華書局，1963年，第1178頁。

〔十一〕（漢）司馬遷：《史記》卷三十「平準書第八」，中華書局，1963年，第1420-1421頁。

〔十二〕（清）方家駒修，（清）王文員纂：《汾陽縣志》卷十三「藝文」，清光緒十年刻本，第57-58頁。

〔十三〕王華棠、劉錫彤、吴樹德：《黃河中游調查報告》，華北水利委員會編印，1934年，第1頁。

〔十四〕（漢）司馬遷：《史記》卷十五「六國年表第三」，中華書局，1963年，第758頁。

〔十五〕王利器：《鹽鐵論校注》，中華書局，1992年，第28頁。

〔十六〕綏遠通志館：《綏遠通志稿》第十册，内蒙古人民出版社，2007年，第176頁。

〔十七〕臨縣志編纂委員會：《臨縣志》，海潮出版社，1994年，第273、321頁。

〔十八〕趙爾巽等：《清史稿》卷一二六「河渠一」，中華書局，1977年，第3715頁。

〔十九〕劉惠：《乾隆朝重構黃河河源的實踐與國家認同》，載《清華大學學報》（哲學社會科學版）2018年2期，第147-154+195頁。

〔二十〕許耀桐：《當代中國「治理」概念的演進探析》，載《國家現代化建設研究》2023年3期，第100-111頁。

出版前言

黄河，中華民族的母親河，她不僅孕育了中華文明，更見證了中華民族數千年的發展歷程。習近平總書記深刻指出：『從某種意義上講，中華民族治理黄河的歷史也是一部治國史。』這一重要論述，爲新時代黄河文化的保護傳承以及流域治理提供了根本遵循，也深刻揭示了黄河治理在國家發展和民族復興進程中的核心地位。在學習貫徹習近平新時代中國特色社會主義思想，積極響應國家黄河流域生態保護和高質量發展重大戰略，大力推進北疆文化建設的背景下，《黄河國家治理文獻集成》的編纂出版，具有重要的歷史意義、學術價值與現實指導意義。

黄河治理，自古以來就是國家的頭等大事。從遠古時期大禹治水，到當代運用科學技術進行系統治理，中華民族在數千年的時間裏，積纍了豐富的治河經驗，留下了浩如烟海的文獻遺産。《黄河國家治理文獻集成》收録了元代至民國時期古籍、朱批奏摺、期刊圖片等多模態文獻資源。這些文獻内容豐富、維度多元，既包含記載河工技術、治理方略等的專書，又有漢文朱批奏摺、工程檔案以及不同區域的調查研究報告等。民國時期的文獻則標志着現代水利科學開始融入黄河治理，展現了我國水利事業在時代變革中的創新與發展。近代照片的收録則以更加直觀的方式將黄河治理、黄河沿岸的風貌呈現給讀者。

該文獻的出版，不僅是對瀕危黄河文化遺産的及時搶救與保護，更是對我國水利史、國家治理史、邊疆治理研究學術鏈條的重要補充，具有較高的文獻價值和學術意義。尤爲重要的是，這一集成工作，深度契合鑄牢中華民族共同體意識這一全黨全國各族人民的共同任務。各民族在治理黄河的歷史進程中，緊密協作、共同探索，這些珍貴文獻便是各民族交往交流交融和中華文明認同的生動見證。對這些文獻進行整理出版，能够讓各族人民更加深刻地認識到，在歷史長河中，各民族共同爲黄河治理貢獻了力量，共同守護了家園，從而進一步增强對中華民族共同體的認同感與歸屬感，夯實鑄牢中華民族共同體意識的歷史根基。

《黄河國家治理文獻集成》以『國家治理』爲核心綫索，構建起一個全面、系統、多維的文獻體系：在時間跨度上，聚焦從元代至民國這一傳統治河向現代水利轉型的歷史時期，爲深入研究我國水利事業的發展脉絡提供了清晰的時間坐標；在内容分類上，細緻劃分爲技術專著、工程檔案、區域研究、朱批奏摺、科學報告、圖片等類别，涵蓋黄河治理的各個方面，從不同角度展現了我國在黄河治理上的探索與實踐；在版本選擇上，秉持嚴謹、科學的態度，確保文獻内容的準確性與代表性，爲學術研究奠定堅實基礎。

在編纂過程中，叢書特别注重『全流域治理』的理念，不僅收録了有關下游防洪治河的重要文獻，還涵蓋了中游地區水土保持以及上游地區灌溉開發等方面的珍貴記載。這種對黄河全流域治理的全方位關注，與當前『共同抓好大保護，協同推進大治理』的要求高度契合，充分體現了叢書在傳承歷史文化遺産的同時，緊密服務于當代國家發展戰略的時代價值。

在出版過程中，嚴格保持原書的版式與行款，最大程度地還原文獻原貌。對于部分出現黴變、殘缺的頁面，運用先進的數字化修復技術進行精心處理，在保留原始批注與印章痕迹的基礎上，兼顧了文物的真實性與文獻的可讀性。

此外，爲了更好地服務讀者，方便學術研究，本叢書新增了目録、提要等内容，這些新增部分由編委會精心撰寫。新增目録一般編製二級，個别圖書編製三級；原書有目録而内文無對應標題的，根據原書目録照録；原書目録爲關鍵詞或者其他情况的不編製目録；原書目録與内文不一致的，以原書内文爲準；原書無目録的，按卷端、版心或其他部分輯録；一册書中收録多種圖書的，以書名爲一級標題，編製二或三級。在文字使用上，統一使用現代漢語規範繁體字，對于原版文獻中的异體字、避諱字也使用現代規範繁體字，無對應規範繁體字的保留原字。

《黄河國家治理文獻集成》的出版，是對黄河文化遺産的一次系統性、搶救性保護，具有重大而深遠的現實意義：從學術價值層面來看，叢書成功構建起一座連接傳統與現代治黄文獻的橋梁，爲黄河流域生態保護、水利工程史、國家治理史、邊疆治理、中華民族共同體學等多個領域的學術研究提供了豐富、翔實的基礎文獻，有力推動了相關學科的發展與創新；從文化價值角度而言，生動展現了北疆文化與黃河文化在歷史長河中的交融共生，爲内蒙古『北疆文化』品牌建設提供了堅實的文獻支撑，進一步豐富了中華文化的内涵與外延；從實踐價值方面考量，書中所藴含的治河理念爲我們在新時代背景下實現人與自然和諧共生、推動黃河流域可持續發展提供了寶貴的歷史經驗與智慧啓示。

在此，我們要衷心感謝各藏書機構的大力支持，正是他們提供了珍貴底本資源，纔使得本叢書的編纂出版成爲可能。同時，我們也要向文化遺產智能應用服務中華民族共同體建設『英才與蒙』團隊致以崇高的敬意，他們歷經五年的辛勤耕耘，以嚴謹的治學態度和專業的學術素養，對文獻進行了系統的整理和輯録，爲叢書的内容質量提供了堅實保障。此外，我們還要特别感謝内蒙古自治區黨委宣傳部、内蒙古出版集團將本叢書納入『北疆文庫』重點項目，并在出版過程中給予全方位支持與幫助。

我們衷心期待，這套凝聚着無數心血與智慧的《黃河國家治理文獻集成》，能够在新時代的『黃河大合唱』中奏響歷史的强音，爲黃河流域生態保護和高質量發展注入强大的歷史動力，讓黃河文化在保護中傳承，在傳承中創新，在創新中不斷發展，綻放出更加絢爛的光彩。同時，希望這套叢書能够成爲促進各民族文化交流、鑄牢中華民族共同體意識的重要載體，助力各民族更加緊密地團結在一起，共同爲實現中華民族偉大復興的中國夢而努力奮鬥，讓中華民族共同體意識在黄河文化的滋養下，扎根于每一位中華兒女的心中，成爲推動中華民族不斷前進的强大精神力量。

提　要

黄河概況及治本探討

《黄河概况及治本探討》，黄河水利委員會編著，1935 年鉛印發行。

該書是民國時期首部綜合性黄河研究專著，是研究近代黄河治理的系統性學術文獻，該書立足科學考察與工程實踐，系統梳理黄河治理脉絡，提出具有前瞻性的治黄方略，展現了民國水利學科從傳統經驗向現代科學轉型的探索歷程。

全書分爲五部分：總論部分開宗明義提出治黄的戰略意義；黄河概况部分從歷史地理維度梳理河道變遷與灾害史；地形水文部分通過實測數據建立水文模型，分析泥沙含量、徑流特徵等關鍵參數；治本探討部分創新性提出『標本兼治』理念，主張工程治理與生態修復并重，强調中游水土保持的重要性；灌溉與墾殖部分則突破傳統治水思維，將水資源利用納入綜合治理體系。該著作標志着民國水利學科的系統化發展，其提出的『全流域統籌』『科學治沙』等理念至今仍具參考價值。

該書凝聚了民國水利工作者的集體智慧，標志着中國治黄研究從經驗總結向系統化、科學化的跨越。書中『全流域統籌』『水土保持優先』等核心理念，與當代黄河流域生態保護戰略形成歷史呼應，具有重要的學術參考價值。

對于山東董莊黄河堵口工程合龍閉氣之談話及根本治黄之意見

《對于山東董莊黄河堵口工程合龍閉氣之談話及根本治黄之意見》，孔祥榕（1890 年—1941 年）撰。孔祥榕，號仰恭，山東曲阜人，長期從事水利事業，曾任黄河水利委員會委員長。

該文獻聚焦 1935 年山東董莊黄河决口的應急搶險與長效治理，還原了該次重大險情。作者以親歷者視角詳述堵口工程的技術細節，重點解析『合龍閉氣』核心技術，歷時半年完成河道復舊。作者提出根本治黄主張：建議設立全流域管理機構，推行『上欄下排』治理策略，主張在黄土高原實施梯田造林，在下游實施『寬河固堤』方案。倡導建立水文監測網絡與預警機制，將工程治理延伸至防灾減灾領域；更提出『治河與民生并重』的先進理念，建議通過水利工程促進沿岸農業開發，實現灾害治理與社會經濟的協同發展。

目録

黄河概况及治本探討 一

序 三

目録 五

黄河流域圖 七

第一章　總論 九

第二章　黄河概况 一八

第三章　黄河之地形及水文 五七

第四章　黄河治本之探討 一一六

第五章　灌溉與墾殖 一三九

附録 一四七

對于山東董莊黃河堵口工程合龍閉氣之談話及根本治黃之意見　一六七
後記　一七五

黄河概况及治本探討

李儀祉

李儀祉印

序

黃河橫貫九省，綜長八千華里；爲中國患，歷五千年；代設專官，歲糜鉅帑。自大禹以來，以治河名世者，不乏其人，如漢之賈讓，明之潘季馴，清之靳輔，類能洞察水性；其所主張，往往與近代水利專家隱相契合。然而河卒未長治者，探其故，殆由河性善變。其受病之由來，本非一端；而時代之需要，亦各有專注；治理方策，因隨以變更；如北宋治河，欲以限制契丹；明代治黃，意在疏通漕運；類從局部着想，未能通盤籌畫；故雖蹔告安流，而旋遭潰決。比工程師盧法爾曰：治河若就一隅，不籌全局，一誤再誤，徒勞無功。旨哉言乎！且治河云者，不僅防止弊害而已；必也更使之利民潤物，資灌溉，通航運，利用水利，以興工藝；滋培林木，以裕生產；庶足以副國家振興水利之至意也。方今科學昌明，歐美水利專家，研究精邃；恩格爾斯，方修斯諸氏，對於黃河之研究，尤饒興味。如有相當之人力財力，假以數年，俾得博採周諮，悉心玩索，加以勘查試驗實地測量之結果，圖籍志乘河工長老之流傳，用以探求河患癥結，則冥行擿埴，終能漸入坦途，有系統之治河方策，或不難由斯覓得。雖然，治河大業，經緯萬端，平成之功，未可一蹴而就也。本會成立，甫閱周星，同人等深感責任重大，罔不兢兢業業，本預定之步驟，逐漸推進。雖實際施工，尙容有待，而於治導計畫，殆已掮具端倪，不可謂非全豹之一胈，登高之初階也。爰將一年來研究察勘所得，彙成一帙，公諸同志，如荷予以抨彈，俾臻完善，則同人幸甚！

中華民國二十三年十二月蒲城李儀祉序

黃河概況及治本探討目錄

第一章　總論

第二章　黃河概況

第一節　甘寧綏之黃河……一〇

第二節　包頭孟津間之黃河……一六

第三節　豫冀魯之黃河……二二

第四節　黃河河口情形……三六

第五節　結論……四八

第三章　黃河之地形及水文

第一節　測量之進行……四九

第二節　黃河水文之研究……六六

第三節　水文測量之進行……七八

第四章　黃河治本之探討

河防及航運

一、固定河床
二、節制洪水量
三、規劃坡度
四、減少泥沙

第五章　灌溉與墾殖

附錄……一三三
一、本會工作綱要……一三三
二、本會成立一年來之工作概況……一三八

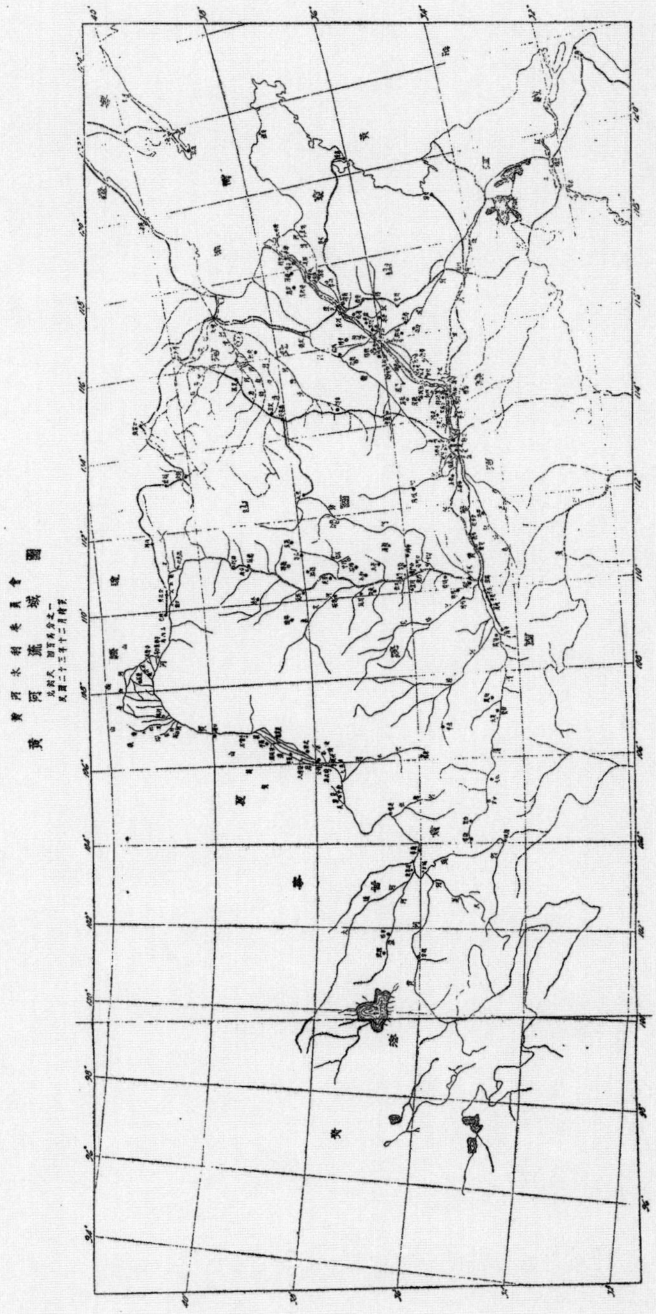
黃河水利委員會
黃河流域圖
比例尺 四百萬分之一
民國二十三年十二月繪製

第一章 總論

黃河發源青海，橫貫九省，噏納衆川，蜿蜒東入於海。幹流四千六百七十公里，流域七十五萬六千方公里。（如將其所有冲積面積統計在內，則爲一百二十六萬方公里）其在甘肅境內，水流湍急，舟行維艱。至寧夏綏遠，則七站船，羊皮筏，可以通行，而沿河兩岸，溝洫縱橫，尤饒灌溉之利。山陝之間，河行峽中，幾無航運可言。潼關而下，水勢稍緩，帆船得以暢行。自此而東，由孟津至於海口，約行八百公里，地勢平坦，水流紆徐，然河身坐是常被淤澱之害。蓋其上游，行經黃壤高原，坡度大，冲刷劇，泥沙與之俱下。一至平原，流速驟減，隨處沉澱；增高河床，減少容量；故潰決泛濫之患，皆在斯焉。

黃河之主要支流，在甘肅者爲洮河。在陝西者爲無定河，延水，渭河，北洛河及涇河。在山西者爲汾河。在河南者爲洛河沁河及伊河。而下游平原，僅大水之時，有汶河一部之水經東平湖運河自姜溝流入，此外無他支流也。

黃河測量，尙未竣事，則上游各地之高度及其距離，均難確知。（參閱第三章）但約略言之，鄂陵海高出海面爲四千一百二十公尺，貴德爲二千四百四十公尺，蘭州爲一千五百八十公尺，包頭爲九百一十四公尺，潼關爲三百二十公尺，茲爲便於參考起見，復列詳表於左；

地名	距離（以公里計）	高度差（以公尺計）	比降

鄂陵海至貴德		一、六八〇	
貴德至蘭州	二四二	八五五	〇、〇〇〇三五三 +
蘭州至包頭	一、三二六	六七〇	〇、〇〇〇五〇六 +
包頭至潼關	六〇〇	五九四	〇、〇〇〇九九〇 +
潼關至陝州	七三、八	三〇、七	〇、〇〇〇四一六 ※
陝州至鞏縣	二三〇、〇	一八三、六	〇、〇〇〇八〇〇 ※
鞏縣至姚期營	四二、一	一一、七六	〇、〇〇〇二六五 ※
姚期營至唐屯	二七九、一	四四、六四	〇、〇〇〇一六〇 ※
唐屯至十里鋪	八〇、六	一〇、七四	〇、〇〇〇一三五 ※
十里鋪至濼口	一三二、八	一四、五六	〇、〇〇〇一一〇 ※
濼口至海口	二三二、四	二四、九〇	〇、〇〇〇一一〇 ※

＋ 自民國二十一年英文中國年鑑計算

※據張含英之「黃河之糙率」（華北水利月刊第六卷三四期）

註：據本會估計蘭州至包頭為九九〇公里，包頭至潼關為八三〇公里，潼關至陝縣約八二公里。

黃河流域之土質，黃壤居其大部，河流其間，携之俱行，故水呈黃色，斯河所以以黃名也。黃壤為物，質細而色深。試以兩手掬之，摩擦不已，則其細粒，深入皮膚，隱而不現。故能漏過二百號細篩者，約達百分之八十。其細可知。

關於黃壤之分佈，地質調查所所長翁文灝氏曾估計之如下：

蘭州高原以上	六〇、〇〇〇方公里
蘭州至寧夏一段	五五、〇〇〇方公里
渭河流域	二六、〇〇〇方公里
沁河流域	二、〇〇〇方公里
北洛河流域	一六、〇〇〇方公里
汾河流域	一一、〇〇〇方公里
西安至觀音堂	一、〇〇〇方公里
洛河流域	二、〇〇〇方公里
其他	一五、〇〇〇方公里
共計	一八八、〇〇〇方公里

翁氏並稱此估計之數，較諸實際情形，當有出入。蓋其據較小之地圖估量之，其面積之小者，

或黃土覆層之薄者，皆不顯於圖中，故未估入。然即此已佔全流域之四分之一矣。

自有史以來，黃河六改其道矣。考帝堯八十載（西曆紀元前二二七九年）大禹治水成功，河自孟津東趨，經大伾，抵大陸，播爲九河，同爲逆河，以達於海，無河患者一千六百餘載。

至周定王五年，（西曆紀元前六〇二年）河決黎陽（今濬縣）宿胥口，東行漯川，越大名，至滄縣，併漳河之水，由天津以入渤海。王莽始建國三年（西曆紀元前十一年）河決魏郡，經平原濟南，東北流至千乘入海。宋仁宗慶歷八年（西曆一〇四八年）河決商胡。初由勞地口（天津）入海，越十五年（嘉祐元年）析爲東北二流：東流趨於海豐，及哲宗元符三年，始斷其流。金章宗明昌五年（西曆一一九四年）河決陽武故隄，越封邱而東，歷長垣，東明，荷澤，濮縣，鄆城，范縣，至壽張之梁山濼，復分爲二；一則沿北清河（大清河即今之黃河）以入海，一則循南清河以奪淮也。然南支强而北支弱，河流漸有南徙之勢。及明孝宗宏治六年（西曆一四九三年）太行堤成，而北流斷焉。清咸豐五年（西曆一八五五年）河決銅瓦廂，奪大清河，由利津入海。當時適有太平天國之役，而議者復有南北兩道之爭，經久不治，任其自然，遂成今日之河道。此黃河之六大變遷也。至其小者，則不復計焉。

黃河爲患，號稱難治。歷代治河，莫不傾全力以赴之。國家不惜殫其財，人民不惜竭其力，而名臣專家，更不惜苦心焦思，以求通其術。然而治河代有聞人，著述多至充棟，而策略功勳足以垂法後世者，大禹之後，有四人焉。爰略述於次：

西漢賈讓：讓陳治河三策，以徙民避河，不與水爭地爲上策；廣設水門，多開渠槽，分水溉田，放淤殺洪，兼通舟楫之利爲中策；繕完故隄，增卑培薄爲下策。

東漢王景：景採賈讓中策，十里立一水門，令更相洄注，無復遺漏之患。兼師大禹播同之義，於德棣之間，分爲八河，合於千乘入海。又修汴渠堤，長千餘里（一里合〇．五七六公里）。渠成而河汴分流，復其故道。

元賈魯：魯主用疏，濬，塞，三者：「釃河之流，因而導之謂之疏；去河之淤，因而深之謂之濬；抑河之暴，因而扼之謂之塞。」三者並用，半載而河復故道。

明潘季訓：潘氏治河，主塞旁決，以挽正流。以堤束水，以水攻沙。蓋盡變元代以前治河之策矣。兩漢以來，言治河者，未有出乎四子之藩籬者也。

歷代河防，制度不一。有時採取合治，有時採取分治。元以前姑勿論。元代設都水監及明初設總理河道，統負全責，皆爲合治。嗣後改歸各省巡撫兼管，遂爲分治。繼又設總理河道都御史，以及清初設河道總督，又爲合治。雍正而後，雖分江南河道總督、河東河道總督，而黃河事務，仍由一人統攝。咸豐五年以後，改由各省撫道兼管，以至民國，下游分設三局，皆爲分治。其間雖分合不定，然以時計之，固合治之日久，分治之期暫也。今者本會成立，按組織法之規定，掌理黃河及渭洛各支流一切興利防患，施工事務。是又有趨於合治之勢。惟依照中央政治會議之決議，三省河務局受委員會之指導監督，照舊負河防之責。本會只居指導監督之地位而已，而防守之責，仍歸三省河務局。則又似僅有合治之形式，而無合治之精神。且本會又無河防經費。對於三省河務局，辦理河防，不能予以實際協助，雖經授以計劃，派員指導監督。而各河務局恒因囿於環境，限於財力，又難一致遵行，故三省河防仍不免各自爲謀。關於此節，本會職責所在，不敢忽視，現正妥擬辦法，請示中央，以冀河防統一之實現也。

黃河洪水，年分四汛：曰桃汛，曰伏汛，曰秋汛，曰凌汛。清明日起，二十日後止，所漲之水，謂之桃汛。初伏日起，立秋日止，所漲之水，謂之伏汛。立秋日起，霜降日止，所漲之水，謂之秋汛。霜降以後，清明以前，遇水漲發，統謂凌汛。四汛之中，桃汛水勢最小，爲害尚淺。其他三汛之水，皆足以決堤防，肇巨變也。伏秋兩汛，固無論已。即凌汛期內，有時冰凌驟解，擁塞而至，摧堤陷壩，輒釀泛濫之患。民國十八年二月，利津扈家灘之決口，即緣是耳。

黃河流量，據歷年觀測，恒以一月爲最低，八月爲最高。最低之數，間或亦在五月。蓋每屆五月，水必降落，故有時最低。六月而後，水勢漸漲，至八月遂達最高之點。惟洪峯之至，其勢甚驟，倏而來，瞬而去，極盡飄忽馳驟之形態。故曩時報汛方法不良，消息遲滯，恒後水而至，挽救工事，不及設施。然現今報汛雖良，消息雖速，而洪水突來，已淤河槽，不及刷深，現有容量，不克消納，仍不免潰決之虞。此黃河防洪，所以倍難於他河也。（流量詳見第三章）

每歲夏至以後，即入大汛時期。河防官吏則督率各段兵工及沿河民夫，登堤防險，晝夜梭巡不息。必逾霜降而後，始告安瀾。一交冬令，則勘塞獾洞鼠穴，彌補闕漏。來歲春季，則從事廂修，栽植樹木。此河務官吏歷年修防搶護之工作也。

黃河下游，豫冀魯三省各設河務局，其組織系統及工段劃分辦法，極不一致。河南河務局隸屬於省政府。兼歸建設廳指導監督，而局長則爲簡任。局之下轄四分局，分局轄汛，汛轄堡，（一作舖）爲四級制。河北河務局隸屬於建設廳，局長荐任，局之下轄段，段轄堡，爲三級制。山東河務局隸屬於省政府，局長簡任，局之下轄三總段，總段轄分段，分段轄汛，汛有工汛防汛之別，防汛轄堡，則爲五級制。茲將三省所轄堤段，分述於下：

河南省南堤，自廣武保和寨迤東，經鄭縣中牟開封陳留縣境，至蘭封邊界爲止。長約一百四十公里。上南分局轄滎澤汛，鄭上汛，鄭下汛，中牟上汛，中牟中汛。下南分局轄中牟下汛，祥河上汛，祥河下汛，陳蘭汛及新設蘭考汛。北堤自孟縣逯村迤東，經溫縣，孟縣，武陟，原武，陽武，封邱，開封縣境，至陳留之西壩頭(即咸豐五年銅瓦廂決口處)爲止。長約一百七十五公里。上北分局轄孟縣，溫縣，武陟，武滎等汛。下北分局轄原陽，陽封，開封，開陳等汛。每汛所轄工段，長短不一，視險工多寡以爲定。清代屢有更易，民國以來，又異於前矣。

河北省南堤，自豫冀交界之婁寨東北行經長垣東明濮陽縣境，至冀魯交界之劉莊止。工長六十餘公里。婁寨至謝寨爲南一段。謝寨至蔡寨爲南二段。蔡寨至冷寨爲南三段。冷寨至劉莊爲南四段。段各設辦公處。南一段最長，轄二十餘公里，置十餘堡，或二十餘堡不等。北堤自長垣大車集接築舊太行堤，經河南滑縣河北濮陽山東濮縣至耿密城爲止。工長九十二公里餘。自大車集至長垣滑縣交界之高桑園爲北一段，自此入滑縣境，河南省築堤一段，名老安堤，長八公里。自老安堤北端之後小渠集至西魏司馬爲北二段。自西魏司馬至馬屯爲北三段。自馬屯至冀魯交界之耿密城爲北四段。其中梨園附近堤工一公里餘屬濮縣，亦歸河北修防。各段轄工長六公里至三四十公里不等。在豫冀之交，堤間距寬至二十五公里。至謝寨以下，始漸縮至十公里左右。蓋猶有銅瓦廂決口之後，初築民埝之舊觀也。

山東省南岸自菏澤朱口迤東，經鄄城，范縣，鄆城，壽張，陽穀縣境，暫止於壽張之十里堡。工長一百十五公里。其中雙合嶺至董莊一段十餘公里，屬河北境，劃歸山東修防。十里堡以下，河流經行東平，東阿，肥城，平陰各縣，以南岸接近山麓無堤，再起於長清宋家橋，經歷城，章邱，濟陽，齊東，青城，濱縣，蒲台縣境，至利津寧海莊爲止。工長二百二十公里。北堤自濮縣高堤口迤東，經冠縣，范縣，壽張，陽穀縣境，至東阿陶城埠，是爲金堤。再自陶城埠經平陰，肥城，長清，歷城，濟陽，惠民，濱縣，至利津鹽窩村爲止。工長四百十五公里。山東河務局仍按從前上游中游下游地段，劃分第一第二第三總段，總段轄兩岸分段，分段轄工汛及防汛，茲列之如次：

第一總段設十里堡

南岸第一分段設董莊自朱口起至十里堡止轄工汛二防汛四

北岸第一分段設范縣自高堤口起至東阿張秋鎭止轄防汛二

第二總段設濟南

南岸第二分段設歷城小靑莊自宋家橋起至齊東田家拐子止轄工汛二防汛三

北岸第二分段設長清官莊自張秋鎭起至長清韓二莊止轄工汛一防汛三

北岸第三分段設齊河自韓二莊起至歷城鵲山止轄工汛二防汛三

北岸第四分段設濟陽東關自鵲山起至濟陽桑家渡止轄工汛二防汛三

第三總段設惠民清河鎭

南岸第三分段設濱縣蝎子灣自田家拐子起至蒲台董家止轄工汛一防汛三

南岸第四分段設蒲台王旺莊自董家起至寧海莊止轄工汛二防汛三

北岸第五分段設惠民歸仁鎮自桑家渡起至濱縣張肖堂止轄工汛二防汛三

北岸第六分段都利津宮家壩自張肖堂起至鹽窩村止

三省每年修防費數目，多少亦不一致，河南二十七萬元，十九年後，僅發十萬元，兼管沁河，河北二十一萬元(民國二十二年實收實支十六萬餘元)山東三十一萬元。今按河南堤工長四百二十五公里(內有沁河九十公里)，河北堤工長一百五十六公里，山東堤工長七百五十公里，平均計之。則河南每公里二百三十五元，河北每公里一千三百四十餘元，(依民國二十二年實收實支數目計，約合一千元有零)山東每公里四百十餘元。雖險工有多寡不同，未可作一固定比率。然豫魯兩省修防之費，固宜酌量增加也。

關於黃河事業之複雜，性質之特異，已如前述。其治理工程之大與需費之巨，更不待言。本會茲先致力於測量，調查，設計等預備工作，以爲治本之依據。因就已得資料及治河意見，分述於下。

第二章　黃河概況

第一節　甘寧綏之黃河

一、上游河道之概況

上游視察僅達大通河口，西寧皮筏木排，均由此出，自此以上，黃河交通，僅運輸木材而已。經詢知洮河入黃之口，適在極深且狹之峽中，峽寬僅六十餘公尺，而高則倍之。洮河之峽，僅二十餘公尺，岩石爲花崗石，水流湍急，人行難至。木材自洮河上游來者，至此皆解散其排，使零木流下，而於下游水緩處收集之。自洮口上行三十公里，河寬至一公里許，泥洲甚多。流量於測勘時，至每秒六百立方公尺。但水小時，按 Futterer 所考察，於十一月初，在寬衍谷中，河寬三十六公尺，流速爲每秒僅一。六六公尺，則其流量約得每秒十餘立方公尺而已。平時水甚清，漲時則混濁，洮河上游狄道至渭河上游渭源甚近，故多有主張溝通二河者，或竟有欲由此引黃入渭者。但狄道高出洮河約在四百公尺，鑿山移河，人力安及？且亦毫無目的，若貫通航道，另爲一事，則視經濟上之需要如何耳。隴南富庶之渠，靑藏交通要道，若於黃河峽中築堰，以平水勢，渠化洮渭，以達關中，則靑藏與隴都爲比鄰，中央地方，息息相通，鞏固統一，又何待言。

大通河口以上六十公里，爲民和縣，湟河與大通河匯流於此。湟河亦名西寧河，由湟源經西寧流入大通河，實則湟流巨而大通微，二十三年夏季測勘時，湟河水量，約每秒一百立方公尺，而大通河則僅居其百分之六十，湟河可行皮筏，青海皮毛，糧食，藥材，皆賴以運輸。大通河則入湟之口以上，即在峽中，僅以輪木材耳。

西寧河自西寧以下，亦經數峽，最著者爲小峽及大峽。與大通河匯流之後，又經急湍數處。木排皮筏俱以爲險。至達家川以上，則岸高而固，水勢平穩。大通河在是，寬約一百公尺。河口之前有一小沙洲，然無碍交通。大通河口溯黃河上至劉家峽四十五公里。即不能通航。

黃河東北流至新城，改而由西向東，此段二十公里，行於狹谷之中，河流整一，情勢甚佳。至新城河勢略展，河中有大洲，上有民居。河分二股，其勢平均，河水至此尚清。新城之下二十公里至柳溝，納平番河，平番河水急而濁，不能行筏。柳溝以下，經古城陳官營至皋蘭，約二十公里，則河床散漫，沙洲羅列，其大焉者皆有民居耕種。兩岸高山相距，由一二公里至四五公里不等。岩石大抵爲沙岩及紅色頁岩。

山勢至蘭州稍狹，出西門至黃河鐵橋附近，河流晝一。其上游二公里許，即有沙洲。鐵橋石礅凡五孔，寬各四十六七公尺。按二十二年觀測，河最深七·九公尺，平均四·六公尺。而流速最大每秒四·八公尺，平均二·六公尺。含沙百分量，通常不及百分之一。二十三年洪水最大含沙量不過百分之三，最大流量（是年八月二十七日）每秒五三二五立方公尺。

皋蘭以下，河勢仍散漫，沙洲羅列，（十八家灘）行二十公里至桑園子入峽，繼之者，爲響水子峽，（一名小峽）及大山峽。至條城凡八十公里最險，峽內之險有大煮鍋，小煮鍋，大照壁，小照壁，月亮石，虎狼胡同，觀音崖，一窩石，老兩口，七姊妹諸名。又至靖遠，過紅山峽，最險之處，爲大浪兒。至老龍坑出峽爲靖遠灣子。河北行經五方寺，復東行至中衛，出黑山峽，經沙坡頭，新墩，黃家樓，石嵖，廣武，而出青桐峽，即爲寧夏平川地矣。由條城至青桐峽，凡約三百公里間，以靖遠及中衛爲大開放地，餘則小束小放，後行不如小峽大峽之多險，而亦爲畏途。中衛以上不能行木船，中衛以下則可行之。

河出青桐峽，又復大放，沙洲蟬聯如練。河床最寬之處，約可二三公里。(楊和堡一帶)舟行慮膠淺。古城灣以下，兩岸坍削亦甚烈，約一百六十公里，至石嘴子而河勢復爲之一束。

石嘴子至磴口約八十公里，南北兩岸皆距山不遠，而河岸爲石礫所成，上覆黃土或沙，高約四五公尺，河身寬五六百公尺。石嘴子以下二十公里，爲頭道坎。又三十公里，爲二道坎。舟行稱險境，水大時不覺其險。河中亦有洲而較固定，河床亦不甚遷徙。惟石嘴子以上，河水仍不大濁，而入石嘴子則驟濁，其故(一)因西岸賀蘭山脈斷，而阿拉善之沙漠，可以攻入，東岸阿拉布素山低，與爾多斯之沙可越而過也。(二)因河身束縮，水流急激，故削岸蝕床，其力倍著。而西岸多爲草地，東岸多爲沙邱，樹木極罕覯，磴口在河之西岸，岸高而堅，右岸之山，愈行愈低，以致成爲沙梁，平長一線直至包頭，左岸之山，則繼賀蘭之後者，爲陰山，狼山，西山，大青山，距岸遠十餘公里，以至四五十公里不等，河出磴口，驟展寬至千公尺以上，最寬處三公里以上，兩岸皆沙，沙粒粗細相間，並有塊石，河水仍濁。

沿左岸山脚有烏加河，蒙語烏蘭加令之略也，一云老黃河。上游賴以與黃河連通者，爲烏拉河，楊家河。下游則通入烏拉素海子。烏加河與黃河之間，即後套地也。已開渠道甚多，最著者有十一，臨河五原二縣之地，賴以肥沃富植。而二十三年洪水則頗受淹沒之害。各渠之大者，亦可通舟。

自磴口至包頭，約三百五十公里，河身寬衍而沙洲不多見，但灘嘴突出甚長，致河道屈灣甚多。

以形勢論之，則包頭寧夏間之交通，爲更切要。現所行之木船，一律平底方形帶圓，長二十四公尺，中闊十二公尺，首尾較狹，吃水六十公分，載重不過三千斤，由寧夏下行，水暢時七八日可到，加夜行四五日可到。上行則一月半至二月不定，每年來往二次，於願足已。行於包寧間之木船，約三百餘隻，皮筏則千隻以上，二者航行時間不同。蓋皮筏多自西寧下駛，而木船則多自寧夏下駛也。結冰時期，約佔四個月之久。二十二年綏遠人擬從冰上運貨，計畫失敗。

閻錫山氏新購一機船，平底兩軸，吃水線〇•六公尺深。並製三木拖船，長十八公尺，中闊五公尺，聞係一德人爲之設計，正在構造中，甚望其能成功也。

至貨物之交通，則由西寧下行者，主要爲皮毛，藥材，及粮食。由蘭州下行者，主要爲菸草，枸杞。由寧夏下行者，主要爲甘草，皮貨。由磴口上下行者，主要爲食鹽。上行貨物，棉布煤油爲大宗。

二、甘寧綏水利狀況

甘肅水利之著要者，分爲四部：(一)大夏河。(二)洮河。(三)西寧河。(四)黃河。前三者以時間匆促，俱未暇及。黃河上游測勘隊曾世英全國經濟委員會工程師何之泰當有詳細之調查。茲所及者，僅言黃河上下百餘公里，用水車輪灌漑之水利。水車輪直徑大小不一，視當地需要汲水之高而定。最大者當推在蘭州西門外所見者，直徑約二十公尺，上載水戽二十八，計其給水量，每分鐘約六立方公尺。

水車之用，沿黃河上至劉家峽，下至靖遠。此外西寧河及洮河亦有用之者，統計上下水車之數，當不下二百具。灌漑面積，當在十萬畝左右。農產物百分之七十五爲菸草。

水車開用之期，每年只有八個月。十一月結冰，至三月解凍，中間不能使用。然亦無需要。水磨之用亦廣。

黃河之適用此種水輪，實地勢使然，其條件有三：(一)岸堅而平，易於引水。(二)河底堅實，適於築引水壩。(三)木石材料易致。此三條件，甘肅黃河俱有之。

寧夏水利分爲三大區：(一)中衛區。(二)河西區。(三)河東區。其灌漑之法，皆用水之天然流動力引入田中。在中衛者，北岸爲美利渠，南岸爲七星渠。在河西者爲唐徠渠，大清渠，漢延渠，及惠農渠。在河東者爲漢渠，秦渠，及天水渠。各渠沿革及詳細情形，有余鼎銘所著「寧夏全省河渠水利沿革圖表」可考，茲不贅。表中統計各渠灌漑總面積共七十一萬一千餘畝。然估計寧夏平川地面可漑者，當不下二百萬畝，現寧夏省政府正辦清丈，預計清丈之後，灌漑面積當有激增也。唯年來地土荒蕪甚多，尤以河西爲甚，恐過半數。河東回民稼穡力勤，農村尚有可觀，而河西則困苦不堪也。多年擾亂，人民逃亡，爲其主因。

現寧夏擬開之新渠共有五。唯雲亭渠以全國經濟委員會協助之力，不久可望實現。雲亭渠亦名民生渠，介於黃河及惠農渠之間，與之平行，或竟用惠農渠口，現正在測量中。

各渠通病在坡度太小，故一經通水，輙淤墊甚高。每年必須挑渠數次，挑渠之前，又須捲埽堵塞渠口。而漢唐惠農各渠口，俱極寬大，儼若巨河，故費工不小。舊例皆計畝徵夫徵料，以應其事。計每歲每畝負担在半元以上。七星渠屢爲山水所累，所耗尤多，管理之法，爲官督民修，有周廷元所著「渠務須知」，記載甚詳，茲亦不贅。

綏遠水利渠道甚多，而以後套爲最著，可耕面積約一萬七千頃，計有大幹渠十一：曰永濟，剛濟，豐濟，沙和，義和，通濟，長濟，塔布，黃土拉亥，民復，楊家河。只楊家河，歸私有，餘者盡歸公有。各設有水利公社以管理之。(永濟與剛濟合組水利公社)每年收租修渠。

河套各渠皆自黃河引水，或引倒漾水，(引廻流)或引套水，(河流灣曲之處開口)或設迎水壩以引水，而皆瀉之於烏加河。烏加河宣流不暢，則各渠俱苦擁塞矣。二十三年洪期，因河水較高，灌入各渠，致釀五原臨河一帶水災，亦由於排瀉不利也。各渠方向，大抵與黃河成六十度，向下游傾斜之角，易致淤塞，亦其一弊。

民生渠至今未見其利，而山水排瀉被阻，托克托薩拉齊間，在二十三年頗受淹沒之害，黑水河是年洪漲甚烈，民豐渠爲其所奪，故道淤平，淹沒甚廣。現全國經濟委員會派人測量民生渠地形，謀有以成全之。

關乎後套水利，有閻偉所著「河套調查記」，論述甚詳，茲不多述。

三，森林狀況

渭河上源隴南一帶，林木葱鬱，遍山谷皆是，此外皆牛山濯濯也。甘省木材，皆自大通河，洮河，大夏河，泭排而下。沿黃河行六百餘公里，可謂毫無林木之可言。惟關乎此點，茲所欲言者，爲一般人士，動欲恃上游植林，以治黃河，則恐俟河之淸，人壽何及。蓋以西北山嶺面積之廣闊，居民之稀少，即積極造林，亦非百年以內所可成功，况乎障碍重重，未易消除也。再就中衛以上而言，則黃河之水本不甚濁，森林之有益於河，亦頗難顯。中衛以下，凡屬沃土，自必耕種，沃土之外，非沙邱即鹼磧，林木不易繁植，故造林頗爲難望。唯可以造林之地，固深望其早日成林也。

甘省山坡之地，耕種者頗多，收穫無幾。而使冲刷增劇，河流受害，甚失算也。反是溝壑之地，則皆荒廢。政府似宜勸人民墾溝壑地，以代坡地。溝壑之地，平之治之，潤濕歸於是，肥沃聚於是，其收穫必倍於坡地。而一轉易之間，山坡溝壑冲刷侵蝕，俱以減免，河流受益無窮矣。

第二節　包頭孟津間之黃河

一、包頭至潼關

黃河自包頭迤下，經托克托，河曲，保德，葭州，吳堡，禹門口，韓城，而至潼關，約長八三〇公里。以向未測勘，未知其詳，特略述其梗概。

黃河出綏遠平原，越托克托折而南流，入於山陝山峽；至於禹門口，山巒頓止；以下河身寬放，凡經一三五公里而抵潼關。晉陝兩省，即以是爲界。

綏遠境內，河之比降平緩爲一萬五千分之一。自出綏遠，則比降漸增，而在托克托至龍門一段，有逾一千分之一者。河曲附近，湍流極多。而在龍門上游六五公里，則有壺口瀑布，高十二公尺。水淺之時，河流屈曲，礁石突出，沙洲橫亘，到處見之。

此段比降峻陡，水流迅疾，即在淺水時，流速輒及每秒三公尺，一至洪汎，流速更大於此。因此段經過山區，河面寬度，時有不同，有寬至五〇〇公尺以上者，亦有窄至四〇公尺者。民國二十一年地質調查所嘗施測壺口。其結果瀑布以上河寬於四〇〇公尺，以下則小於五〇公尺。洎至龍門，河面之寬，由三〇〇公尺驟縮至一〇〇公尺，旋又展寬至三〇〇公尺。龍門兩岸突出，伸入河中，形似二島環抱，致使河身收縮，水流激宕，世人率以此爲龍門瀑布者，實則不然，岸頂古廟矻立，形勢雄壯，該地因以是聞。自潼關至此。汽車一日可達。

汾河流域面積幾佔山西之中部。於龍門下游十五公里處，匯入黃河。合流以後，河面寬放，比降平緩，河岸卑下，遷徙靡定。洪水時或寬至二十公里，農舍田園，受害匪鮮。民國二十二年洪水，平民縣城崩坍其半，翌年罹災更甚，永濟縣城亦遭波及。

航運

下水船隻，航行尚無困難。至壺口瀑布，泊船卸貨，而移載於停待瀑布下之船舶。據云：河水高漲時，船隻亦可越東岸瀑布而過。然商人以戒於危險，故不避其煩而皆由此處卸貨也。

上水之船甚少，僅自潼關至韓城及禹門口而已。此段因運煤之需要，故下行之船，仍須自潼關空舟而返。但自綏遠來者，從未再回原地。或謂保德至潼關間，船行需時六日，然非天時佳順，尚恐不止此也。

禹門口爲自潼關上行之終點。普通船隻長十四公尺，寬一·五公尺，吃水〇·七公尺。禹潼間相距一三〇公里。下水需時六日至十日，上水十日至十四日。禹門口之上二十五公里，產煤甚富，禹潼間之航運，良由於此。本會正擬與陝晉省政府合作施測，以資改進，而期航業之發展。

灌溉

山陝山峽一段，峭壁陡立，除階田外，可耕之地極少，蘭州灌田水車，此地未見有之，其原因固由於木材缺少，而地勢高亢不適於使用水車尤爲主因也。故有倡議於壺口設水電廠而以電力汲水灌溉者。

壺口瀑布

包頭之下六三〇公里爲壺口，以其形似也。兩岸皆山，縮狹河面至一〇〇公尺。至龍門山左近之禹門口，山嶺驟斷，爲程約七〇公里，世人恒以龍門（即禹門口）與壺口（孟門相近）爲一地，實則不然。龍門在陝西之韓城縣，對岸爲晉之河津，禹門口東經一一〇度三〇分北緯三五度四五分。壺口在宜川縣與晉之吉縣相對。孟門東經一一〇度二〇分北緯三六度十二分。龍門以廣義言之，即以孟門爲上口，禹門口爲下口，七十公里間，統謂之龍門，乃與中國之舊籍相符。

馬頭關至壺口（又名龍王辿）間，兩岸爲高四〇〇公尺，皆爲蓋煤沙岩所構成。（雷施好芬錫名

Ueberkllen--Sandstein）河床及瀑布處岩石下層，俱爲石灰岩及貝岩，無風蝕之現象。瀑布上游數公里外，河流已自每秒三至五公尺之流速，愈趨愈急。至壺口則傾瀉而下，成爲瀑布，其高自九公尺至二十公尺不等。瀑布之下，河又入於深槽，兩岸岩質亦爲叢煤沙岩，層層累列，其最厚者約二十公尺。水流懸崖，蔚爲奇觀。瀑布之長約六〇〇公尺。澎湃怒吼，下擊深淵，形勢絕險。其下五公里河床開拓至二〇〇公尺寬。中有一島。因受右岸宜川縣各河之水，水流轉急。以下河身展至四〇〇公尺之寬。再下又受東來數水，經一陡灣之後，河又逼狹至一百公尺。

經石家灘，水流漸急，沙石岩層走向與河流正交，傾成四十度之角。禹門口緊接於下，其岩石爲灰綠色之石灰岩，兩岸懸崖數百公尺，灌木雜草叢生其間。

壺口瀑布有擬利用其水力以資發電者，但迄未有詳細之研究也。雖有設施之可能，然河水含沙及洪水時瀑布被掩，在在俱須考慮。而瀑布所在之處爲石炭岩，極易爲水囓蝕，而致崩坍。凡此各種困難，果能消除，將來水電廠設立後，依壩身之高度不難發生三萬至六萬匹馬力之電力也。水利之需用，目前除灌田外，尙無他途。異日交通改良，用途當更增進。

地質

威里思君嘗至此段勘察黃河，并云：古代黃河未及綏遠，且最初原有山脈爲綏遠諸河與黃河之分水嶺。其後陵谷傾敧，黃水囓蝕，河遂與綏遠諸水聯接，蓋綏遠諸水昔日或皆向東南流至北平者也。後又因綏遠東境山嶺以地質變化，逐漸昇高，河遂被迫南折，浸成現在之河道矣。

中國地質調查所王竹泉君對此嘗加研究，其結論稱威里思之理論，未必屬實。王君謂黃河經流綏遠，以地質紀言之，較威氏之假定爲早。兩岸凝固，石岩隨處可見，足證爲黃河經流之域。目前經流之深谷，爲時尚近，約接於黃土紀。而威里思則以爲在此時期綏遠諸水被奪於黃河。依王君之見，則横穿綏遠境內，必有大河一道，且向西展長。蓋以昔時之窪地，浸假而成以後之河床也。此說似尚可信。

黃河經流山陝山峽，爲一山谷，而河床在其中，又似一小谷，於壺口地方更可見之。其岩石俱爲沙岩與石灰岩。如葭州等地間有火成岩。山間各細流，黃土叢積，岩石深藏於下。且因各細流比降峻陡，暴雨時黃土恒被冲入河，而在霪雨之季，愈令下游含沙愈多。沙岩之沙，亦可冲積河中，故在洪汛，水流特濁，小水時則含沙較輕。

河之東岸，山西境內，流域狹小，匯於河者皆小支流，暴雨之際，指顧間各支流水漲盈槽，行旅視爲畏途，蓋當其半渡之時，恒因當地小風暴，俄傾之間，支流漲水，車馬人畜皆有溺斃之虞也。西岸流域面積較寬，較大支流如烏蘭木倫河無定河清澗河及延水皆來匯焉。

總之山陝間黃河以最大流量最小流量及含沙論，實爲全河最要之一段，其治導之功效，對於下游有莫大之影響也。

二、潼關至平漢路黃河橋

河自潼關折而東行，其兩岸黃土峭壁高達一〇〇至一五〇公尺，峭壁之後。五公里至十公里皆崇山峻嶺，南爲秦嶺，北爲山西之條山。河床平寬，其寬自半公里至二公里不等。隴海鐵路自靈寶至潼關一段，方於二年前完成，行於峭壁之上。爲防峭壁之崩坍危及鐵路計，隴海路亦已熟籌之，而河中含沙一部實由峭壁崩潰所致。

潼關以東三十二公里至閿鄉，五十七公里靈寶，九十公里而至陝州，皆在南岸豫境。靈寶之西，則有斷密河來匯，陝州則有青龍澗來匯，此處河床礫石甚多，皆由青龍澗洪水時冲下者也。

黃土峭壁止於陝州，其北岸山西諸山横亘河岸，與南岸之羊角山山脚均伸入河中，河面驟縮。自此以下，河身狹窄至二十公里，至三門，水流迅捷，河中有礁石二，歧流爲三，曰人門，神門，鬼門。船舶行此，皆取道人門。自三門至北岸山西之垣曲約五十五公里，自垣曲至南岸河南之孟津約八十八公里，故自潼關至孟津，全長約二五〇公里。

河出孟津，頓入寬放。南岸爲邙山所阻，北岸平垠，勢須築堤範約，以防泛濫。孟津以西，邙山之麓有光武陵。沿河石壩極多，故陵園至今無恙。其東鐵謝鎭，經近年洪水半毀於河。孟津舊城遠在今城之北，以被水所毁，乃改築今城。花園叩馬諸鎭田舍冲坍不少，而變爲沙鹹之地。此處河面寬過十公里。

孟津之東十二公里，其北岸爲孟縣，再東三十公里至南岸之鞏縣，洛河伊瀍澗各水來匯，自洛黃匯流處下行二十公里至於氾水縣，氾水亦注於河。氾水縣東三十五公里至平漢路黃河鐵橋，邙山止焉。黃河兩岸皆有大堤，橋上游十公里又有沁河挾山西南境之水注入於河，沁黃交匯處，險象百出，故二河俱有大堤。

自孟津至平漢路橋，爲程約一〇〇公里，而自潼關至平漢路橋則約三五〇公里。

黃河概況及治本探討

第三節　豫冀魯之黃河

黃河自孟津以下，河流紆廻曲折，遷徙靡常，兩岸大堤相距，有窄僅一二公里者，有寬及二三十公里者，或强爲束制，或遙爲攔約，極參差也。茲將豫冀魯三省河流形勢及南北兩岸堤壩狀況分述如左：

一、河南省

豫省南堤，起自平漢路東苫河口右岸。首段滎澤民埝，長約五公里，高出河內灘地一二公尺不等，寬僅四五公尺。二十二年八月漲水，幾與堤平。二十三年善後工程，始行加培完整，高出洪水位二公尺，頂寬一律十五公尺。

滎澤汛堤工，逼近大河，沿堤存有少許老灘，堤爲沙質，隨風吹動，高低隆伏。原有土壩，現以臨河，迎水方面，護石抵溜，頗爲得力。二十三年沿河石工壩垛，均經加抛高大，堤身亦復加寬，達二十公尺，高出洪水位兩公尺。

鄭縣兩汛，大堤多係險工，今鄭上汛石磚壩垛，均已臨河。鄭下汛工段，河勢外移，暫尚平穩。惟遜清光緒十三年鄭工決口處，堤外深潭，依然存在。祇憑一縷單堤，以爲防護，殊嫌薄弱。堤內新灘土質疏鬆，一遇大溜淘刷，立可逼近堤根，亦屬可慮。

中牟三汛，全部均係險工。上汛楊橋口以下一段，堤身單薄，二十二年大水時，最爲吃緊。中汛二三兩堡工段，正迎大溜，堤外地勢低窪，一有潰決，則勢如建瓴。堤外圈隄，業由官產處賣出，刻已殘破不堪，該段工程，實屬可慮。下汛二堡名爲險工處，大隄純係沙質。十八年九月下旬大溜南圈，坍塌不已，隄不決者，僅兩公尺。幸賴當時搶護得力，未致出險。至十九年九月，始得修培完整。三四年來，尙無大險。現時距河較遠，新灘尙高。惟土質疏鬆，易於塌卸，二十三年，加培之後，除順河埝一段，寬僅十五公尺外，其餘均寬二十公尺。

黑崗口乃開封境內之重要險工，東西長約五公里，據河南省會上游，明季李自成曾決此以灌開封。大隄向內環抱，成一弧形。隄外爲一深塘，水深二三四公尺不等，終年不涸，水面較黃河中水位低下二三公尺，倘有潰決，直注省城，故歷來視爲險工。有清一代，工欵充裕，寬籌料石，廂築埽壩，沿隄外緣，鱗次櫛比，幾無虛隙，民國多故，河務廢弛，二十二年大水，全河告警，頗有舊存石料，盡力搶護，未致潰決。但水落後，所有埽壩護岸工程，悉被冲毀，河勢忽然下挫。是年十二月上旬，大溜頂衝，二堡三堡，壩前護石，復行坍蟄三十餘公尺。二十三年大汛期內，溜勢并未上提，直注黑崗口下段，該處護岸工程，不及上段之堅實，故仍應特別注意。水塘之南，原有越隄一道，年久失修，異常殘破，業經官產處售出。二十年夏季，塘水外溢，全城驚恐。二十一年由河南河務局擬具計劃，請由國民政府水災救濟委員會撥助振麥二百噸，河南省政府，撥洋三萬元，大加修補，但比較大隄，仍低三四公尺，似應重加修培，以爲省垣之屏障。二十三年列入第三期善後工程，現在尙未興修。

柳園口附近，十六年臨河，十七年曾數次搶險。隄外有少許老灘，沿灘崖廂築埽壩，現時已不臨河。十七年時，柳園黑崗之間，建有機器房一座，內裝抽水機兩架，由此吸水，灌溉隄外民田。惟河勢變遷無常，應用之時甚少。二十三年，河南建設廳復於柳園口裝置虹吸管兩架，並開將於黑崗口裝置數架，吸引黃河之水，下通惠濟，以資灌溉。但目下柳園隄內進水池，已爲泥沙淤平。

自柳園口經陳留至蘭封之三義寨，長五十餘公里，隄高老灘二三公尺不等，土質疏鬆，因係背工，年久失修，并爲風雨侵蝕，及重載大車輾軋，殘破不堪，靡復隄形。隄內老灘，高出隄外地面，約在十公尺左右，若逢盛漲漫灘，則勢若建瓴，極爲危險。自銅瓦廂決口以後，大河頻臨北岸，二十二年大水時，南岸老崖，雖曾上水，但距隄尚有里許，遂未致漫溢。二十三年修培之後，此段隄頂一律寬十公尺，刻下甚爲整齊。

陳蘭汛屬三義寨附近之夾河灘一帶，原有石壩三座，石垜八個，十九年七月底，大溜南圈，灘地日見塌卸，復經二十二年空前大水，第二第三兩壩及各石垜，均被冲塌無跡，第一壩亦被蟄六十餘公尺。壩東多年老灘，塌去寬一百三十餘公尺，長二公里以上。刻下大溜，緊靠灘崖，形成大灣，黃河故道，正與此灘啣接，大有傾入故道之勢。

自三義寨迤東，約三公里無大隄，老灘盡處，即黃河南行奪淮之故道口門。間自咸豐五年，銅瓦隄改道後，故道淤墊，曾於口門處築有攔洪小埝一道。（即現在之小新隄故址）因地址多沙，歷經風雨剝削，隄身多已殘壞，南端已成缺口。二十年大汛期內，河水由此外溢十餘公里，當經河南河務局勘估，請由國民政府水災救濟委員會，撥助振麥一噸，略加修培。二十二年大水時，復被漫決，長三百餘公尺，洪流所至，已達蘇皖。嗣因冀省河決三十餘處，奪溜北趨，未致改道。旋即掛淤斷流。水塘之內，口門前後，皆先用蔴袋實土，堆砌土埂兩行，然後分格塡土，擠出積水，再堆沙土，築成隄形，并於外緣包淤半公尺厚，一部臨河隄坦，刻已加抛護石。但連年河勢，自西而東，由此折向正北，至東壩頭復向西北，成一兜灣。新堵口門，正當頂衝，土質疏鬆，斷難抵禦。夾河灘壩埽，原擬修復，或并添石壩，藉以挑溜北行，平緩水勢，以抒隱患。惟蘇省協欵，迄未撥到，故未能興修。

考城民埝，在考城縣西八里許，屬河南河務局新設之蘭考汛，而地在蘭封境內，南起袁寨舊隄，北迄范莊，與河北境大隄相啣接，長約三公里，向由考城縣政府僱工巡守。淸光緒二十年六月，曾被冲決，經請欵堵塞，就口門西面，修築越隄一道，祇以土質鬆浮，不能持久，民國二十二年大水時，復被漫決，勢甚洶湧，口門逐漸擴大，至三百餘公尺，旋即掛淤斷流，然水塘尙深八公尺以上，原擬用埽廂做，乃以用欵過鉅，改由隄外另築新隄，南起郭營舊隄，北接口門以北民埝，隄長二千二百餘公尺，高四公尺，頂寬八公尺，內外坡度，均爲一比三，隄身用沙土堆築，外包淤土一公尺厚。民埝北端，隄身單薄，長約一千二百公尺，一併加寬至八公尺，坦坡爲一比二五。

豫省北隄，起於孟縣西南曹坡村，至溫縣張莊，長約三十七公里。其在孟縣者，長十五公里，頂寬約十公尺，曹坡村之大王廟附近最寬，約十三公尺，海頭附近最窄，約七公尺，隄高老灘一至三四公尺不等，較二十二年洪水位僅高一公尺左右，自隄頭至東化工，均有石壩埽護岸，尙稱完整。東化工以東，隄外灘地漸寬，間有串溝，逼近隄根，頗足爲患。二十三年已於此段加築土壩兩道，并將孟縣隄普加修培，頂寬一律十五公尺，高出水位兩公尺。

溫縣河隄，長約二十二公里，原係民修民守，於民國五年始改歸官守，由河務局設汛修防，隄工本極卑薄，二十二年大水時，全部漫溢，潰口凡十八處，口門寬四五十公尺不等，最寬者一道，約百餘公尺，溢水注莽河東行。復入黃河，張莊以下，原舊地勢略高，隄遂中斷，間有卑矮民埝，亦被洪水蕩平。由此倒漾之水與上游溢水，連成一片，月餘始消。決口不久，即經堵塞。二十三年征工修隄時，溫縣民衆，以此段隄工下端，既與武陟大隄不相啣接，自無大用。當經豫省河務局呈准省政府廢去溫隄，不加修培，是以此段隄工迄今尙仍其舊。

武陟汛大隄，由駕部寨北起，至沁河口止，長約十五公里，共分兩段，第一段由駕部寨至九堡十二壩，約十一公里，隄身高厚，有石壩埽護岸，二十三年復加修培，極爲完整。十二壩以下，至沁河口第二段約四公里，係民埝，較官隄卑薄，但臨河老灘尙寬，現已一律加高培厚，亦甚整齊。

沁河口以下，黃河大隄，上接沁河東隄，內外隄勢相差七八公尺不等，隄身堅實整齊。其附近沁河一段，長約三公里，頂寬二十公尺，迤東至平漢路橋，正隄高僅五六公尺，其南另有月隄一道，頂寬與正隄相若，而高逾三四公尺，河流經此，旁受沁水來源，南被邙麓遏阻，大溜乃折向北行，逼近北岸。二十二年黃河暴漲，洪水位祇距隄頂三四公寸，隄北形勢低窪，設有疏虞，黃流即有奪漳衛趨津沽之險勢，故此段隄工，爲豫境北岸最重要之工防。平漢路以東，經廣武，原武，陽武，至封邱之荆隆工，七十餘公里間，隄身頗多剝蝕，惟河面至此展寬，水流弛緩，隄距河邊，近者七公里遠者十數公里，故二十二年最高洪水，祇高隄根一公尺，其險夷情形，與上段逈別。二十三年加培之後，頂寬一律十公尺，坦坡亦甚整齊。

封邱荆隆工迤東一段，長六公里，隄身坦直完整，頂寬二十公尺，爲北岸各段之冠。自封邱東界至陳橋迤東大堤，屬開封北汛，北倚卑窪水塘，南當大溜頂衝，二十二年大水時，二十堡水溢堤頂，幸經搶護得力，未致漫決爲患。臨河石壩埽護岸，鱗次櫛比，二十三年復經河南河務局普加修培，現在沿堤石工，均極完整。惟二十堡臨河，尙有子埝，仍應一律加高，以固隄防。

開陳北汛頭堡以下，漸生高灘，距河較遠。洪水不致逼近隄身。然隄北地勢低窪，設有潰決，實屬可慮。西壩頭以下，十五公里間，無大隄，二十二年洪水即由此泛濫，倒灌數十公里，平地淤高一二公尺，良田盡成瘠土。其在豫境者長七公里，尙有華洋小埝，惟連年淤墊，地面所餘僅一公尺左右，似應接築大隄，連成一氣。

二、河北省

南岸大隄築於光緒元年，上起謝寨，下迄劉莊，工長三十七公里，設局置營，以司修守。謝寨以上，至豫冀交界之一段，工長二十五公里，原係民堰，乃山東曹屬八縣於光緒四年所築，俗稱范莊小隄，劃分爲二段，分界處名曰二分莊。上曰閻潭汛，向歸山東代守。下曰范莊汛，向歸河北河務局代守，實官督民修。嗣因上段亦係河北轄境，於民國十二年，由冀魯兩省商定，改爲官民共守，由河北南岸分局負修守之責。其每年工程費則各担半數。計洋九千餘元。十三年兩省曾攤款加修一次。嗣後山東即未續攤，而以患在魯境，河北方面亦置之不問，以致累年失修，遂殘破不堪矣。十七年改歸河北河務局，現屬南一段管轄，堤面尙寬，樹株亦茂。惟堤頂既卑矮殘缺，土質又係純沙，設遇暴漲漫灘，雖屬背土，亦殊危險，故隄身有亟待整理之必要。至南三段雙井村以下十三堡一帶，隄身卑矮，二十二年河水盛漲，隄頂漫水，勢甚危急，經竭力搶護，僅免出險。

民國二十二年長垣南岸決口在二分莊，潰決原因，始於隄旁串溝吸溜，繼以洪水漫灘內注，水集勢猛，遂致潰隄橫流。經由冀省東明及魯省菏澤，鄆城，鉅野，嘉祥，諸縣境，轉入昭陽湖。二分莊迤東至劉莊，隄工情形，尚屬良好，並無臨河險工。惟劉莊及魯境朱口一帶頗形險要，以河流自西北而來，折向東北，形勢頂衝，幾成入袖。南岸險工，以是爲最。目前有埽工三十餘段，散抛石壩五座，沈抛磚壩三座，沈抛磚護沿一段，築壩隄段長約一公里，曲如半圓，隄既卑薄，溜復橫射，一隄有失，餘均危殆，亟宜在上游灘地，另謀施以相當工程，俾大溜改趨中泓，方可無虞。

北隄爲清同治七年長垣濮陽兩縣紳民集資所築，名曰臨黃民埝。民國七年改歸官守，工長七十四公里，起自大車集，上接太行隄。（明弘治間劉大夏築太行隄，西起太行山麓，東迄徐州，以爲北岸重障，使河不得北趨病運。銅瓦廂決口。潰水衝斷太行隄，趨大清河入海。）豫省北隄終端之西壩頭在太行隄之西南，相距可十五公里，其間無隄，二十二年洪水由此倒漾迴注。北隄之北與太行隄之南一帶，農田均被淹沒。且太行隄久已廢棄，缺口甚多，漫水越隄而北，長垣適當其衝，損失尤重，此段亟應築隄聯接，俾兩省隄防，連成一氣。

自大車集東北至石頭莊，二十九公里間，北隄因高度不足，二十二年洪水時，到處漫溢，決口多至三十處，事後除石頭莊第三十及香亭第二十七口門外，餘均次第斷流，先後堵塞。惟土質不佳，黏土成分甚少。且香亭附近，因洪水漫淹，堤內外皆已淤高四公尺左右，與隄頂齊平。僅恃隄坡柳樹，辨得隄線所在。二十九號口門係於迎水一面，編結柳籬，藉以緩溜落淤，斷流後始於籬後，塡築土方，工程似較穩固。沿隄二十餘公里間，隄頂外沿，極多殘缺，或已毀去一半。據聞此皆洪水漫溢之後，遺留嚙蝕痕跡。此段隄工之修復，在善後工程中，最爲切要。

長垣北岸，淤積土層，黏土成分，不及南岸二分莊遠甚。而北岸第一口門至第二十九口門，由上而下，土質依次轉劣，淤積層亦逐漸增厚。緊沙漫淤，想見當時水勢大溜趨向北岸，而香亭石頭莊一帶，尤爲水勢集中之焦點。

石頭莊口門，爲長垣北岸第三十號決口，聞二十二年八月，初被盜決，堵復未終，而洪水大至，遂成不可抵禦之勢。口門漸冲漸闊，據本會是年九月間派員測量結果，寬達三百二十五公尺，中泓水深六公尺餘，水面流速每秒約二公尺，越口水量約佔全流三分之二。以後且愈益深急，終至完全奪溜。由此經滑縣濮陽入山東境，循金堤之南，經濮縣，范縣，壽張，陽穀，至陶城埠，仍歸正河，二百公里間，儼然成改道之局勢矣。

石頭莊及香亭決口，口門既廣，流復迅疾，就地堵塞，不但工艱費鉅，且窒礙良多，乃改於石頭莊南與故道密邇之馮樓灘崖着手。工程設計，以利用黃河易淤之沙，使河流自行矯正他趨爲主旨，進水溝口凡四，先以緩溜淤淺其三，俾中泓之水繞由上游灘端改趨故道，並於灘上加修壓柳長壩，對岸挑挖引河，以助其流。最後之口，則於兩岸展築柳石相間之透水壩，於二十三年三月十七日合龍。石頭莊一帶隄工，旋即修復。南北兩岸大隄，亦經善後工程處於汛期前一律加培高整，頂寬七公尺。惟較前縮窄，土質多沙，仍甚可慮耳。

二十三年八月，河水稍漲，注入豫境貫台串溝，循石車段大隄而下，以隄身土質欠佳，又決四口。當擬先堵貫台串溝，以絕水源，再行修復石車段大隄。

由石頭莊東北至高桑園，沿隄柳樹成行，根株盤結。滑縣老安隄加培工程尤稱堅固。但未栽樹木，是一缺點。聞自二十四年起將改爲官守，由豫河務局設汛置防。自小渠集迄壩頭鎭，隄身均尚高厚，樹木亦甚茂密。壩頭鎭東偏，隄名老大壩，寬厚異於他處，乃民國四年濮工合龍處。先是二年河決濮陽雙合嶺，北京政府派徐世光督辦堵塞，廂埽進占，三年既塞復決，四年復堵合之，廂埽五十餘段，大堤培厚。大堤之後，又築圍堤一道。大隄圈隄之間，則築格隄。前後用款達三百餘萬元。工竣後，工人聚族而居，遂成市集，是爲壩頭鎭。河北河務局公用房屋，亦濮工餘欵所建。

老大壩南小堤，適當黃河坐灣，民國二十一二兩年建有沈排磚壩兩段，其築法係以柳束柴排作底，上覆磚籠，縱横成槽，中實散磚，靠堤一面，以磚塊乾砌成階狀，坡面臨流一方，則護以散磚，以達於壩底之鉛絲網，籠罩之以防冲失。網纜之上端，則活繫磚頂樁上，萬一大溜淘刷，壩底基礎空虛，則可隨時寬放鉛絲纜，俾護磚隨墊而下，再行加排，護壩即所以護堤也。因有柴排及網絡，可免坍陷冲失，南岸劉莊磚工，亦同此製。聞試行結果，甚爲著效。此處距產石之地甚遠，運石濟用，價格奇昂，且緩不濟急。代以磚塊，採買既便，價格亦廉。昔栗恭勤嘗謂一方之磚，僅及石價之半，而功用倍之。蓋以石方多隙，磚乃實體，惟質料較輕，是其缺點。此向採用鉛絲籠罩連結之法，或亦因是。壩工形式甚多，如何審擇去取？亦大可研究之問題也。附近有涵洞多處，原冀於黃水盛漲時，引水以灌淤，因慮掣溜，從未啓用，且以蔴袋緊塞口門，過分持愼，殊不必要。

自壩頭鎮以下，北隄除老大壩外，河流距隄甚遠，並無臨河險工。二十二年洪水漫灘，間及堤趾，水不甚深。然倘非上游決口，水位高度應不止此。官守隄線，至冀魯交界之耿密城為止。以下則為山東民堰，官守金堤，距民堰尚遙遠也。

三、山東省

鄄城南隄，北距高堤口金堤可三十五公里。至黃花寺，隄間距漸縮至十二公里左右。十里舖隄間距七八公里，隄間地面廖廓，而土地肥沃。故居民又臨河築堰，以衛農田。兩堰相距四公里至六公里不等，或堰內更築一堰，甚欠規律。十里堡以下，兩岸亦有堰，相距才一公里許，至陶城埠為止。齊河縣城以東，堤距逼窄異常，亦僅一公里左右。夾岸壩埽相續，籍資障禦。津浦路橋以下，隄距稍寬，而南隄多灣曲，易因坐灣生險。利津以下，隄距最窄，幾不足一公里矣，故溢決尤頻。寧海鹽窩以下，尚有民埝，甚卑薄，亦極無規律，水發輒潰。蓋自黃河由利津入海以來，不過八十年，入海之道屢易，民力固不足為久遠之謀，抑亦不必為之也。

朱口居劉莊險工下游，河流自劉莊折向東北，低水位時期，朱口隄內尚露灘地，若逢盛漲，則搜根淘刷，該處險工，頓形緊急。此段工長九百六十公尺，有壩七道。如全工改用石護岸，較為安全。自朱口至董莊，隄工俱欠高厚，亟應加倍。

董莊河流形勢，來自西南，經過險工，折向正北，成一大灣，李升屯正當頂衝，民國十四年，李升屯民堰決口，潰水泛濫於大隄之北與民堰之南，東注黃花寺，流入正河。比因李升屯決口，久不能合，來源傾瀉，厥勢甚猛。於是黃花寺隄工亦潰決六七公里，橫流經山東運河諸湖入江蘇境。十五年兩處決口，先後堵塞，自朱莊至黃花寺間，當時以舊隄附近積水甚深，不可施工。乃越出舊隄，另築新隄，堵合決口，長可十公里，江蘇並協助工款二十萬元，故有江蘇隄之稱。第以工款不足，新築隄工，甚形卑薄，難禦洪流。二十二年，大溜雖從石頭莊北趨金隄，南岸初非險要，然洪水且越民堰從舊隄斷處侵及新隄，黃花寺合龍處隄身發現橫裂，甚爲危險。蓋隄下舊埽，久經腐蝕，浸水以後，不無變化，故隄身隨之蟄陷破裂也。勘查時新舊隄之間，積水甚多，迄猶未退，此段隄工殊有加培必要。董莊至朱莊一段，大隄約七十公里，除鄭營附近外，均尚高厚堅固，土質極佳，樹木亦甚茂密。

由黃花寺東至雷口，河流自北來，折向東去，雷口當坐灣之處，有丁壩十餘座，以資捍禦。再東至十里堡，南隄至是，告一段落。然猶接築民埝十餘公里，至陶城埠對岸之楊閘爲止。甚卑薄。且土質疏鬆，不可禦水。二十二年洪水，自石頭莊越北隄，循金隄之南東行，故自小龐莊至十里堡，正流微弱，幾至斷溜。十里堡以東，至齊河縣宋家橋無隄。宋家橋至洛口一段，隄工甚完整，河身既窄，溜勢自猛，沿隄臨河險工極多，壩埽護沿，皆用石疊砌，甚爲堅固修整。洛口以下至胡家岸間，約三十五公里，隄身屈曲，屢遇兜灣，雖有護岸石工，未爲萬全。此地密邇省會，防護宜周。隄南臥牛山至吳家寨間，故有舊隄一道，今已斷續不完，如加修整，可爲重障。王家梨行有山東建設廳所設虹吸管一座，用以吸水淤田也。管線似稍短，致進水口接近隄身，鑿池取水，一經淤墊，則失其效，寔則低水位時不宜取水，以致減弱河流也。隄外給水排水各渠，尚未興闢。

自胡家岸至北趙家，約五十公里，並無臨河險工，隄身亦高厚，隄頂高出洪水位約一公尺。長福鎭之北灘崖，有齊東舊城，光緒二十四年城崩陷入河，今可見者祇南城一小部份。河崖尚遺有磚塊瓦礫甚夥，魁星樓拱門高出地面僅五尺，可知平地淤高，應不下三公尺也。北趙家河灘，原亦甚寬，近年溜勢南趨，漸成頂衝，灘地猛削，山東河務局建有柴土丁壩五座，下脚均抛石塊，以資捍護。二十二年大水低於隄頂約二公尺，現在雖係險工，可望無虞。

北趙家以下，河身復漸北移，沿隄並無險工。約三十五公里至蝎子灣，大溜逼近南岸，又爲險工所在。此地俱用埽工護岸，以距產石之處太遠，運費過昂，石工建築，所費不貲。益東抵道旭，大溜斜射，沿堤築有稭埽工及柳餡，柳餡做法，先於外沿簽訂木椿，而以柳枝編籬，附著椿身，其裏面舖疊柳束，寔以泥土，椿脚抛壓碎石，沿河柳枝極多，就地取材，最爲廉省。道旭迤東，至西馮家東馮家，隄身坐灣，正當頂衝，沿隄二千公尺，均做埽工，兼抛碎石護岸。三十餘年前，河流緊逼北岸，故凌殺樹祈王莊等村莊皆在南岸。自溜勢南徙，西馮家，東馮家，以迄王旺莊，皆懸險要。再東至圈里董家，護灘寬達五百公尺，原非險工，近因河流南趨，河灘逐漸坍塌。爲固隄身計，似應作護岸工程，以爲預防。再東至閻家，隄皆整齊，均屬平工。閻家以東至甯海莊，本爲民埝，近年改歸官守。二十二年大水冲毀之處甚多，察勘時，此段隄工皆已新修，頂寬尚合度，隄坡仍嫌過陡。惟卞家莊王家院二小段，尚未修竣。張莊至甯海莊一段，三公里，隄身卑矮單薄，頂寬僅二公尺左右，亟應加培。甯海以東，村民仍展築民堰禦水，然益趨卑矮矣。

冀省北隄，終於耿密城。而山東北隄，則起自高隄口。一在西南，一在東北，相距約三十公里。高隄口以東，沿隄子埝頗多，如濮縣之高堤口至葛樓一段，長五公里。范縣之西倉至仲子廟一段，長二公里。朝城之門虎店至竹隄口一段，長十一公里。壽張之護城隄子埝長四公里。以上各段子埝高〇・三公尺至一・三公尺不等，頂寬〇・六公尺至一公尺不等。至東阿縣境之子埝，則或斷或續，皆以二十二年石頭莊決口，水循金隄，奔注而東，量其高下，臨時搶築者也。自范縣以上之姬樓起，至陶城埠八十公里間，爲金隄最危急之部份，近隄地勢本較低窪，平時水走正槽，即使漫漲，苟民堰不潰，決不能達金隄。自石頭莊決口，潰水奔騰東瀉。因就下之勢，大溜俱迫近隄根，隄身既嫌卑薄，臨水一面，又無護岸工程，故防守尤難。

往昔海運未通，僅恃一綫運河，以通漕運。張秋鎮在陶城埠之西四公里，鎮東有運河故道口門。清光緒二十二年於金隄建閘，規定每年九月一日啓閘，洩夾灘之水，入北運河。但閘已無存，閘閘在隄外，今已圮毀，淤沒泥中。陶城埠運道，亦已淤塞，閘尚存在，工程極堅寔。以北並有二閘三閘，張秋鎮運道廢，乃改闢此道，然淤廢亦三十年矣。

自陶城埠東至王廳，七十公里間，隄尙高厚完整，土質亦佳，二十二年大水，隄頂猶高出水面一公尺以上。王廳以東至司里莊，河流彎曲，大隄逼近河邊。其北本另有大隄一道，直至利津縣境之大馬家，今已圮廢，有處且已無遺跡可尋。宵莊程宵莊司里莊一帶，險工林立，隄頂高度與二十二年洪水位平，間有低於洪水位者。自司里莊至齊河縣城，隄岸險工雖較少，而隄頂高度殊感不足，俱宜加高培厚，齊河城東至北灤口二十公里間，二十二年大水隄頂俱高出水面，足資禦水。此段以隄距極狹，臨河險工，連續不絕，石砌壩埝護沿各工，均甚堅固完整，頗爲壯觀。又自陶城埠至灤口間，因寬度縮減，河槽較深，帆船往來甚衆，頗有航運之利，可知河槽固無取太闊，闊且易致淤淺，因而抬高水位，或散漫而無所歸束也。

濟陽縣城在北隄之外，護城石岸石壩極爲堅整，石岸長一公里餘，以米漿和灰嵌縫，故迄今不稍損壞。惟現在溜勢切近南岸，此種建築，已失效用，若河水盛漲漫灘，或流向轉變，猶資抵禦。

榆林鎭在齊東舊城北岸有石壩七座，雖當坐灣，並無特殊險象。其下游二十公里爲淸河鎭，河流自西南來，折向東南，適當頂衝，最爲吃緊。

再東至蒲台縣城，城東北爲北鎭，鎭南有石岸石壩五座，均用米漿和灰嵌縫，堤坡壁立，與濟陽石工同一結構，頗似蘇浙海塘之制。三十餘年前，此間尙是臨河險工，而蒲台縣城當時係在南岸，自後河身南徙，石壩遂成廢物。蒲台之東五公里至榮園，從前亦爲臨河險工，壩址猶一一可尋，河流今已南趨王旺莊，而凌棗樹衹王莊及山岔鎭等處，於是均在北岸。然麥田一片，黃河故槽，已無遺跡可尋。

榮園迤東十二公里，至宮家壩，爲民國十年決口處，事後於口門之外，挑挖引河，另建丁壩挑溜，以分其勢，俾潰口水流漸弱。然後築壩塞決，工成之後，即以引河爲正河，並以引河挖出之土，築北岸新隄，因土無所用，盡以築此，故甚高厚。今已改守新隄，而舊隄漸圮廢矣。此項工程係上海美商亞洲建築公司承辦，用費一百五十萬元，外人承辦黃河堵口工程自此始，老隄新隄相接處，爲溜勢所趨向，沿隄築有石壩垜及稭埽等工。

益東十公里爲利津縣城，切近大隄之北，臨河復有土隄一道，卑矮單薄，係村民所築，兩隄相距一公里餘，縣城四門昔皆東向，形如鳳凰，已崩陷入河，今城乃新築者也。

縣城東北十公里之扈家灘，於民國十八年二月爲凌汛冲決，估計工費十一萬九千元。十九年四月中，以財政奇絀，祇籌得半數，而時屆立夏，堵口工程不容再緩，在事人員，即於五月一日自濟南首途。決口經伏汛凌汛長期淘刷，由一百三十公尺漸寬至七百公尺，衝成深溝二道，第一溝寬三十公尺，第二溝寬三十五公尺，第二溝又歧出二支，一寬二十公尺，一寬三十公尺。二支溝十四日先後堵合，第二溝十七日堵合，第一溝則於二十三日堵合，蓋自動工以後歷二十日而全工告竣也，用費七萬一千元，現在河流雖趨北岸，隄身倘屬穩固。

魯省北岸官隄，東止於鹽窩。自利津城西之大馬家起，至鹽窩止，三十公里間，隄身頗嫌卑薄，且甚殘毀，俱須澈底整理。鹽窩以東，河流原折向正北。民國十八九年間，東岸被匪盜決，遂改向東流，迄今舊道淤墊，不復通流。惟大水之年，盛漲漫灘，則一片汪洋，且河流因被潮流遏阻，含沙沉澱，淤墊甚速。自清咸豐五年，黃河由利津入海以來，固已屢次改道，則今日所由之途，亦未可期之久遠，將來施行整理河口工程，必須詳細測勘，審慎擇定一永久入海水道。

第四節　黃河河口情形

一、由濼口至河口之大概情形

水文及距離

本會於民國二十三年四月間，派隊勘查河口，由灤口啓程，以至河口，均乘船而行，故於黃河兩岸形勢，及河岸之保護，大隄之情形，與河中航運狀況，均曾加以視察。

灤口寧海間，河道多彎曲。兩隄相距，比之魯西，河北，河南諸上游，均較狹窄，但就其寬度論，仍有河道變更之餘地。無風時，舟行頗遲，風逆則更甚，但有時遇水流甚强，常足推船前進。

視察期間，爲民國二十三年四月七日至十四日，在此期內，河水無甚漲落，流量亦無大變化，茲將灤口數日間之河水高度及流量，抄列於後，以備參攷：

灤口水文記載表

日期	早六點		午時		晚六點	
	水位	流量	水位	流量	水位	流量
四月 七日	25.77	800秒公尺立方	25.74		25.68	
,,,, 八日	25.75	840	25.82		25.75	
,,,, 九日	25.70	330	25.74		25.79	
,,,, 十日	25.74	855	25.78		25.79	

,,,,十一日	25.70	790	25.70		25.73
,,,,十二日	25.85		25.92	1.045秒立方公尺	25.98
,,,,十三日	26.27	1.500	26.35	1.615	26.45
,,,,十四日	26.61		23.63	1.950	26.59

由灤口至河口約二百五十公里，平均流速，每秒一公尺，每小時可達三・六公里。當視察隊將次行抵河口時，上游灤口，，漸形水漲，自十二日晚起，至十四日，已增至一、九三〇秒立方公尺；惟當漲水時期之水流先後行抵河口時，均在十四日以後，適值該隊入海視察之日，河口水流狀況如何，較之十四日以前，是否增加，已失視察之機會，幷不得窺察灤口以達於海，兩灘漫沒之形勢，殊爲可惜。

低水時期，河水寬狹不一，狹處不過百五十公尺，寬處四百餘公尺，彎處則狹，直處則寬，然亦有例外也。

灤口黃河鐵橋以下沿岸重要城鎮之距離如下：

由灤口至濟陽縣三十八公里

由灤口至長福鎮七十公里

由灤口至清河鎮九十三公里

由濼口至蒲台縣一百三十公里

由濼口至利津一百六十二公里

由濼口至寧海一百七十八公里

由濼口至海二百五十公里

以上所有各處距離，皆由山東河務局十萬分之一地圖量得之。

河岸之保護

此段河之大部分，山東河務局已採用石料作防護，以代舊日秸料工程，修築頗見齊整。無論河身或彎或直之處，凡遇隄岸，正當河流衝擊地點，輒設多數大壩，以石裹頭，拋石護脚，以爲之防。各壩之間，又按需要情形，砌做石坦護岸。石壩間之距離不一，如遇河身正直，河流靠近隄脚時，各壩相距，自一百公尺至二百公尺不等；彎處則各壩相距，較爲靠近，險工之處，各壩間距離，有少於一百公尺者。

利津以下，距產石之處甚遠，方價既高，運輸又難，故秸料魚鱗埽，仍到處用之。以秸作埽，最易腐朽，其所費亦頗不貲，據詳細調查，在利津以下，每丈護岸，需秸料一・二方（一方合一公方三・三分之一）至二・〇方，以及繩椿人工統計在內，需洋四十元至六十元，每一公尺之護岸，平均合洋十五元至二十元，此外尚需拋石護脚，所費又須增加，大概每公尺護岸之所費，需洋二十五元至三十元之譜。此處若採用石工，則每公尺護岸之所費，需洋四十元至四十五元。是以採用石工之困難，其主因尚不在石價之高，而尤在運取之難也。然爲一勞永逸計，沿用秸料，終屬下策。

經二十二年大水以後，沿河防禦工程，除極堅固之工事外，餘多遭受損傷。利津以下稭料工程，自二十三年春凌汛後，重蒙損失。當視察時，正在分別興工修補。

自濼口至利津，河岸與大隄兩相分離，河岸高出低水位約三・五公尺，其情形頗爲一律。自利津而下，則河岸漸低。及至寧海，兩岸高出低水位，不及三公尺。去歲洪水，僅稍稍漫過兩岸。據長福鎭附近齊東古城居民聲稱：洪水所至之界，尙距南隄脚二公里之遙。更就其他各處之洪水痕跡觀之，亦足證明洪水漫沒河岸，不過三公寸也。二十二年洪水之大，咸認自濼口至利津，爲極嚴重之一段，而此處反不見其漲者，或因來自魯西及河北省之水，其中泥沙，已多沉澱，反足令冲刷量增加之所致耳。河工職員，亦謂現時河槽較昔年爲深。

統觀濼口至寧海間隄岸情形，頗稱良好，即以後重見二十二年之大水，或尙可無虞。惟其間無埽壩之處甚多，洪水時期，難保不發生新險工，設再料物不給，即有措手不及之患；猶幸河道之變遷較緩，如能隨時注意，在未成眞險之前，早得警訊，即爲購備物料，當可從容應付耳。

河之比降

由濼口至利津一帶，洪水比降，頗爲整齊，約爲一萬分之一，變化亦甚小，利津以下比降漸陡，由寧海至河口，其平均降度約爲六千五百分之一，其最下之三十公里，比此數更大，據實地測量之結果，在距河口二十公里之處，其比降爲五千七百分之一，此誠世界河流中特殊情形。蓋普通河流之比降，愈近海則愈趨平緩，而此處比降，反見陡峻也。推其原因，殆由黃河淤土之天然沉澱比降，爲六千分之一，或因此處未設隄防，由河水淤墊灘地而造成自然之比降，亦未可知。（永定河所有淤灘地比降，較此更大，約爲四千分之一。）若兩岸間河床洩水情形較佳時，即採用較小於六千分之一之比降，亦屬可行。蓋由灤口至利津所有萬分之一之比降，及灤口稍上所有九千分之一之比降，堪爲證明也。惟因黃河水流多挾泥沙，如欲令比降小於萬分之一，則泥沙易致淤墊，似甚困難耳。

河道之變遷

查此段河流，游行於遙遠之兩大隄間，往往有河寬僅數百公尺，而兩隄相距，達四千公尺者，是以河流得隨意屈折，而形成彎曲之河道，每遇坐灣之處，輒成險工，所需埽壩及歲修之費甚多；且因河道滾變所及，地方人民，遭受巨災，以往遺跡，班班可考，其最著者，如齊東故城，全城已沒，至今惟有鼓樓一座，屹立河干耳。

山東河務局對於大隄各處遇有大溜衝擊時，頗能注意保護，惟多沿用舊法，專重防護，尚未能爲有統系之治導也。

排水量之推測

統觀現時灤口寧海間河流情形，當河水高漲時，其排洪量可達一萬秒立方公尺，二十二年洪水盛漲時，使無冀豫之潰決，其流量必達此數。擬俟地形測量後，並在灤口以下選擇兩三地點，採取水流之各項記載，加以研究，若含沙量不再加多，復得有相當款項，興作適宜工事，當不難使黃河排水量，增至一萬二千至一萬三千秒立方公尺；但如排水量更遠過此數時，則較難着手，且所費亦更多矣。

查此段黃河，從未感受其全量洪水，緣當洪水漲發尚未及此之際，上游大隄，已告潰決，此段水量頓減，而泥沙亦少，故無重大之影響。然設有大量洪水，滿載泥沙，流入濼口海濱之間，則浸溢潰決之患，在所難免。是以無論如何，對於此段所有之水性，定須加以研究，實爲至要之工作也。

航行之商榷

山東河務局所備之船，其吃水約爲四英尺或一、三公尺，此次視察時，以之駛行河中，時有擡觸沙灘情事，及打探水深，恰爲一、三公尺，與前數相符。然因沙性鬆懈，遇觸即開，故尚無擱淺之事。

當視察時，曾探求河中最深之處，按次標誌之，計可航之水深，或及一・五公尺。但在往年，則可航之水深，恐不能多過一・〇公尺，因當時之水量及含沙量，與今不同耳。今若用挖泥船數隻，常川浚挖，能否令淤淺處長保有一・五公尺深之水道，殊不易決定；如爲疏濬航道計，宜先備挖泥船一隻，於航行特別淤淺處，試行工作，俟見有工效，再圖擴充，似亦計之得者也。

此次視察，在濼口未起程之前一日，曾測算流量，約有六百三十秒立方公尺，其深之十分之二處，最大流速爲一・四秒公尺，河中間之平均流速，約一・三〇秒公尺。濼口寧海間水面降度甚爲一致，約爲萬分之一，沿途情形，大概相同，彎曲之處，則水流稍強。

乾旱之年，此段水量，尚不足二百秒立方公尺，若於此時而欲考查河之深度及流量，則遠不如此次視察之爲愈矣。

黃河下游，已屢次試行小汽船，以提倡航業，但結果終歸失敗；揆厥原因；一由無航路標誌，以致汽船誤撞沙灘，致遭擱淺。一由河道有時甚淺，不能行駛汽船。當流量在二百秒立方公尺以下之河道，有時泥沙甚重，而河床之寬，竟達數百公尺，宜乎河槽之不能深也。

就現時情形觀察，欲於黃河下游，行駛小汽船以通航運，殊非一簡單問題。爲適合環境計，惟有採用吃水不過七八公寸之小汽船，而所裝之汽機，並須令船之速度不下每秒五公尺。（每秒五公尺約等於每小時九·五海里，不爲甚速。）緣在洪水時期，水之流速，已達三秒公尺餘，如汽船速度，遠在五秒公尺以下，則幾不能逆流上駛矣。

如按前項計畫，則船之吃水既淺，船身亦小，僅能運載旅客人數，及少量貨物而已，仍於航運無多裨益。若非得政府之協助，疏濬泥沙，整理河道，及爲標誌航路等工作，未易顯著成效也。

河濱居民及農田狀況

由濼口至利津，河灘之上，居民甚衆，除隄頂上所有村莊以外，其位於兩隄之間者，總計約有一百一十村，設每村平均七十五戶，每戶五口，約共居民四萬。肥田可耕者，略計五十萬畝，現時地價，每畝約値洋三十元。如將河道從新整理，兩岸加以保護，俾得安心耕種，不復以洪水爲慮，則地價必可激增。

兩隄之上，民居櫛比，在隄外三公里以內，約有千餘村，居民不下五十萬。田地卑窪而多鹼，已漸實行虹吸淤田計畫。濼口以下，南岸附近地方，新設有虹吸管一處，此種計畫既可淤墊田畝，膏潤土壤，復能減輕水患，實爲一舉兩得。惟附近人民，對此頗懷戒心，蓋恐黃水由虹吸管湧注，或於洪水時期，釀成禍端。此種謬見，俟虹吸試驗成功後，將不攻自破。爾時沿河居民，必且爭求裝置也。

二、由寧海至海濱之黃河

民埝河岸及三角洲

寧海以下，悉爲民埝，不及上游大隄之高。北岸之埝，至雙灘以下，即告終止，計上距寧海十五公里。南岸民埝之長，當亦相差無幾。

雙灘一帶民埝，尚係二十二年新修，但已爲洪水損壞多處。埝身高出平地一·五至二·〇公尺，頂寬五公尺，甚鬆疏，且少防護。其河岸高出水面，約爲一公尺。

此處土質甚劣，作小薄片狀，其中石灰質之成分，業已消失，缺乏尋常黃土之堅實性質，故不宜用以修堤。此種土質，常見於黃河及揚子江等處，猶幸範圍不大，由此稍下，即不復見之。

由雙灘向東北去，本係黃河故道，二十二年洪流及二十三年春淩汛，均已經過此埝之缺口及故道而行，但並未深入，故未發生如何變化。惟河流由此折向東北，形勢非佳，誠恐危機一至，終於決向東北，仍由故道入海。當地民衆，已請求修復埝身，以爲之防。附近田地頗佳，據云：當不上水時，麥及高粱，每畝可各收穫五六斗，故隄防亦甚需要。

雙灘一帶河岸，僅高出水面一公尺，已如上述；距此處十五公里以下，岸高只餘半公尺，漸近河口，河岸愈低，在河口二三公里以內，遇潮水高時，輒漫沒岸地，潮退時，則水復歸槽。

離雙灘以下不遠之處，有蘆葦叢生，再遠則無矣。其地爲一廣衍之三角洲，滿目荒涼，河道紛歧，地面盡係沙壤，非築隄之土也。

河槽

河口一帶，河槽之深寬均極整齊，出乎視察者意料之外，或由甫經二十二年洪水，致呈此特殊情狀，亦未可知。兩岸相距約七八百公尺，可航之寬度，約五百公尺。以岸低，故一望平衍，眼界彌擴，但就兩岸往來船隻觀察，亦易得其寬度。距河口數公里處，低岸淹沒，深水槽寬度如故，至河口南轉入海處，河槽比前略寬。

視察隊於將次入海時，曾停船南測，在距河口八至十公里處，試測斷面一道，河寬約一•五至二•〇公里。遙望北岸，有水草叢生，度其深水槽寬，當亦不過八百公尺耳。

寧海以下現在河槽，成南東方向八十度角者，凡四十二公里，又轉東北向者三十公里。總覽黃河河道變遷圖，大河入海處，咸有東北流之趨勢，所以然者，殆因夏秋大水漫溢兩岸之時，南風時行，海流沿海岸北趨，有以致之。確否固尚待證實，然爲現下重要趨勢，須切實研究者也。

在大河東流轉向東北之處，有淺水槽向東南推進，以意度之，此淺水槽最近或者導引大河益向東南進趨，迫近小清河入海海口。則日後小清河整理工作，將益感困難。惟此係就軍用地圖形勢推測，河口東南移，究至如何程度，尚難逆料也。

海潮

山東河務局在寧海所測之黃河低水位，約高出平均海面一〇•〇公尺，故由寧海至河口之水面比降，爲一比六五〇〇，前已言之。此次視察隊，並在距河口二十公里處，實測其比降，於沿河岸二公里間，所得比降爲一比五七〇〇，核與上數相差無多。當測量時，適値陰歷三月晦日，應爲潮汐變化最大之時，而自上午八點三十分起，至下午一點止，測量其河水面，並無若何變化，由此足徵河口潮水影響甚少。又在距河口十公里處觀測，自下午三點及將至下午六點之時，河水降落，亦不過一公寸，濱海如此，則黃河感受潮汐之影響，其細可知。且是日天氣，並無特殊現象，雖有西南風吹動，對於潮之升降，度不致有何關係也。

據渤海灣沿岸之英國海軍航海圖所載，小清河口當朔望月滿時，潮位爲四呎或一・二公尺。是日正爲河口沿水最深之日，所以未甚感受潮水影響者，必因比降陡峻，有以使然。下距河口十公里處，其地水面，將必高出平均潮水面一・七公尺，或爲潮水高出平均海面之二倍，所感受者僅爲潮水頂托影響。然其頂托當不過一二公寸，若流量增大，則其影響，將全歸消滅。惟當東風大作，河水定必擁高，海濱灘地，將遭淹沒耳。

寧海與海之間，河水深度，二三公尺以至一・五公尺不等，愈近河口愈淺。河口有沙灘横梗，長約一公里，水深只〇・九公尺，爲最淺處。

沙灘間河槽甚爲齊整，至出口處，始稍寬。其他各河入海，河口甚寬，此其不同之處，頗有研究價值，宜詳加測量及觀察焉。

淤墊之範圍及三角洲之進展

本會視察隊於入海後，即乘船由太平灣赴小清河口，沿途注意黃河之泥沙淤墊情形。小清河口在太平灣之南，約九十華里，或四十五公里。船沿海岸而行，約距海岸八至十公里。水深大都在三或三公尺餘，間有不及二公尺處。舟行離太平灣不滿一小時，約在河口南十五公里處，水即變清，不復有黃河泥水之蹤跡。按其形色，及在灤口時所測之黃河含沙量記載而估計之，此處之含量，以重量計當爲百分之零、八至零、九。

在太平灣之水色，已不甚濁，實足表明重沙已沈澱於河口外附近之處。此與揚子江根本不同之點，揚子江之泥沙，出口百英里之遠，尙能見之，蓋以江口間之潮流甚强，且其有規律也。

若以灘洲爲中心，則泥沙之沈澱半徑，可定爲十五公里。惟當風浪大作時，被濱海潮流，携之較遠者，不在此例。又夏季洪水大發，其半徑增大，可至二十五公里。

以本會測繪組主任工程師安立森氏之估計：若每年之平均含沙量，以重量百分之二計，每年之平均流量，以一千五百秒立方公尺計，（此數或者過高）泥沙沈澱區之平均半徑爲二十五公里，其面積約等於一千方公里，則泥沙沈澱，將有六萬六千萬公方。（平均泥沙量爲二、二五秒立方公尺）此區內每年可淤高零•六六公尺，然其中一部分，沈澱於無隄防之三角洲上，實際上僅可淤高零、五公尺而已。其河底之比降，設與大沽口外沙灘相同，而爲一比一〇〇〇，則河口沙灘之進展，平均每年恐不及零、五公里。又按之北平地質調查所所長翁文灝氏估計：海灘之進展，約每三年半進一公里。本會秘書長張含英氏估計：每二年半進展一公里。要之充分可靠之根據，尙感缺乏也。

就利津或寧海以上之黃河現狀言之，非俟河口進展甚遠，比降縮小，致有碍此處上游流水之時，不能發生變化，爲時至少亦須三百年也。

若欲利用小淸河以行駛小汽船，則宜防禦黃河南襲；然此種工作，亦無特別困難，小淸河以上海面寬廣，足爲黃河口三百年間進展之餘地，屆時黃河早已治導成功，其情形大異於今日，而不爲患矣。

第五節　結論

以上所述爲黃河本流之情形，皆自查勘得來。除蘭州以上正在查勘，尙無報告，及山陝谷中，未及查勘外，黃河之概况，略備於斯。各支流之已經查勘者，則有陝西各河，而正在查勘之中者則有渭河上游，他如河南之沁洛各河，亦即着手測勘。蘭州以下之黃河，正作初步測量，而潼關以下，則作地形及精密水準測量。吾人希望於二三年內，將各項資料搜齊之後，對於黃河及其各支流之情形，必有更深切之認識焉。

第三章　黃河之地形及水文

第一節　測量之進行

一、堤工測量

堤工測量範圍

二十二年十一月十一日，本會測量隊一隊，開始測量黃河南北大堤，自平漢路黃河鐵橋起，向下游進行。

該隊計有導線及水準各二班，分測南北二堤，且于開封蘭封石頭莊雙合嶺，及約當冀魯邊境處，兩岸導線各連接一次，全部導線成爲各個導線網。所有導線及水準數値，於以對證其有無過大差誤。

導線沿堤頂進行，其距離以鋼尺量計，未加溫度改正，角度則僅以經緯儀觀測一次。蓋是項堤工測量記錄，急切待用，未及精細改正，然在較爲重要處亦曾加以相當注意，以免錯誤。

水準班所用之水準儀，爲中等精密儀器。于上述各連接點，兩岸所測之水準高度，相差實微，皆在預定限度$0.008\sqrt{公里數}$公尺之內。

大堤橫斷面，每二百五十公尺施測一次。以手持水準儀測高度，皮捲尺量距離。其起始高度，以水準班在堤頂所測木樁處爲準，向堤之兩坡前進，至堤根外百公尺左右止。各點高度精密至 0.1 公尺。

斷面及水準班，更觀測二十二年度最高洪水位之遺痕。是項洪水遺跡，到處可見。沿途各河務局，應本會之請，皆預爲標記，以免風雨侵刷，無從尋覓。平均每公里皆有準確洪水位記載，本此求得精確之洪水位線。該項洪水位線，爲四十六年以來之最高洪水位，或亦係自黃河改道，八十年以來之最高洪水位也。

十二月二十日，另一測量隊自山東津浦鐵路濼口站起，向上游施測山東省黃河大堤，以與前隊相接連。其組織及測量方法，與前述一隊同。

廿三年四月二十日，兩隊皆進至冀魯邊界間，與前順直水利委員會之第四零二三號永久測站相接連。共計北岸導線全長約爲五百六十五公里，南岸爲四百零一公里，南岸距離較短，因山東境內山邱起伏，無堤之處甚多。此外兩岸月堤，亦皆施測。計北岸爲一百一十公里，南岸爲八十八公里下列表中，爲堤工測量之撮要，兼示各導線網之水準及經緯度閉塞差：

導線網	網之長度	水準差	緯度差	經度差
網 一	km 180.625	+0.023	+0''.125	−1''.648
網 二	105.013	+0.037	−0''.322	−0''.266

網 三	124.353	-0.120	-1".364	-0".035
網 四	117.993	-0.040	-0".475	-1".086
網 五	82.569	+0.014	+1".036	-0'.435
網 六	51.928	-0.037	+0".040	-0".236
網 七	212.735	+0.179	+2".384	-1".895
網 八	45.991	+0.058	-1".034	+0".244

測量時間短促，對于河身詳細情況，未能深切探求，更在小水時期，只將河溜近岸之水面高度測得。河身情形，僅於過河連接線時間，測得水深。蘭封及雙合嶺之連接線，皆係沿民國八年運河工程局所測舊線，現已繪成河身斷面比較圖。

因估計培修大堤工程，急用堤工測量記載，故只測大堤。然其中一部內堤，若山東省臨濮集至周橋第四〇二三號永久測站一段，亦曾施測。自第四〇二三號永久測站至黃花寺，則未遑顧及。內堤雖曰民埝，實則大堤，且經歷年培修，用欵已多。將來正式地形測量時，該段內堤，自當列入，倘有急需，或將提前測量之。

水準測量及其標點之註釋

黃河流域各省中，僅有之精密水準測量線，爲自徐州沿運河北上，至臨清，更由臨清沿衛河至津浦鐵路之德州止。該線爲運河工程局與裕中公司，整理運河合同項內之一部測量工作。不幸該線所有水準標點，皆已損失，本會測量隊，雖曾設法連接，終未尋得。

民國十二年，前順直水利委員會曾自河北省沿衛河南下，作導線及水準測量，以迄黃河，更渡河沿南岸進行，設有永久測站，再折而北上，與其本線之永久測站連接，成爲一大測量網。

民國八年，另一測量隊自天津南行，沿衛河至平漢鐵路之新鄉縣，長凡七百公里。更南行五十餘公里，以至黃河北岸，設有第二百四十九號永久測站，並測定其經緯度及水準高度。

二十二年秋季，本會堤工測量隊發掘該站，完整如初，遂選爲起始點。

前順直水利委員會更於民國十二年，于津浦路濼口附近，設立第四〇三七號永久測站，本會堤工測量第二隊，用之以爲起點。

前順直水利委員會更以最小二乘式方法校正其河北省諸水準線網，新鄉縣之永久測站，即爲該水準網中最南端之一角。自其校正計算之原舊記錄觀之，得知南部諸線，不及其他各線精確。所有差誤，已用均分法校正，精密至±0.2公尺。皆以順直水利委員會及本會所用之大沽海平面爲標準。黃河岸邊之第二百四十九號永久測站，距新鄉縣已校正之測站，不過五十公里，不致有大錯誤。

第二百四十九號測站高度及經緯度之準確，已足敷用。選用之前，未能校核，蓋校核工作，舍自距離七百公里之天津起重測外，別無他法。

灤口之第四〇二七號永久測站，距離天津較近，高度亦較爲可靠。灤口上游尙有永久測站數處，可資連接。不似第一堤工測量隊之自二四九號測站出發後，非至終點之四〇二三號永久測站，無從連接比較者也。

第一堤工測量隊水準測量線，經二百六十五公里後，與第四〇二三號永久測站接連，其高度比較舊值高出0.65公尺。第二隊則沿途與前順直水利委員會之諸永久測站連接，率皆符合，並無差誤。

自原有之水準記錄，與新測數量比較，知連接前順直水利委員會之衛河測量線，與沿平漢路線，本會堤工測量線，與順直水利委員會黃河至衛河諸線，合爲一大水準線網，計長五五〇公里，其閉塞差至0.50公尺，似非普通校正法所能校正。故決定自新鄉縣至第二四九號測站，繼至四〇二三號測站，作一精密水準測量。該項工作，現正在進行中。

至于導線測站之經緯度，初視之似不甚重要，然黃河區域甚廣，平面測量法之不足採用，已無問題，故測量開始，即選用大地測量坐標法。

堤工測量製圖

大堤縱斷面圖之比例尺，爲橫二萬分之一，直一百分之一，尙合實用。其上繪有堤頂高度，二十二年洪水位線，及堤脚附近之河灘與地平高度，凡河身臨近堤岸處，小水水位曾經觀測者，一併注明。在此等水位高度時之流量，約爲五百至一千秒立方公尺之間。

山東周橋第四〇二三號永久測站，兩隊銜接處，注有水準差誤之說明，研究該縱橫斷面時，所應注意者。將來精密水準隊測至濼口後，水準高度，重行改正，可使差誤消失。

橫斷面之比例尺，爲橫二百分之一，直一百分之一，洪水位綫則自縱斷面圖轉繪者，民埝之橫斷面，亦已繪畢。

堤埝系統之說明

北岸之黃河大堤，自孟縣城西開始，地當西部高原與東部平原銜接處，約爲北緯三十四度五十三分，東經一百一十二度四十七分，東行三十七公里後中斷，約當溫縣對洛河口處也。其後七公里，率爲高地，無須築堤，及大堤再現後，則綿延不絕，直達河口三角洲，僅于河南東部蘭封對岸之西壩頭，有缺口一處，長十五公里，此口即將堵修，昔日留以宣洩北岸低地積水者。其後河灘淤高，僅用以分洩一部洪水，十八年曾一度堵築，惜未竟全功，故擬再堵築之。此段地面高度，亦繪于縱斷面上。大堤再于河北省大車集起，連續東行，直至河口內四十公里處止。如此長堤，可稱僅有。將來西壩頭缺口堵築，則堤長達八百公里矣。

按黃河有大堤二重，實存者僅自南岸冀魯交界臨濮集至黃花寺一段百餘公里間，其內堤爲民埝，外堤爲官堤。測量之時，二堤並重。在北岸者，或係指北部斜行大堤而言。該堤功效，爲收束橫決洪水，重歸下游河槽者。斜行大堤有三，今之有效用者，只下游金堤而已。二年來潰決之洪水，賴其約束，引入原槽，未致擴大災區。

在河南境之斜行大堤，曰太行堤，已年久殘缺，急應修補。倘西壩頭上游北堤一旦決口，可用以阻止洪水北流，引至大車集重返黃河。將來該段地形測量完竣，可以研究排洪問題，而定堤身高

另一斜行大堤，現已淹沒無存，僅可于村莊田舍間，略得遺跡。蓋昔日洪水氾濫，居民避難堤畔，遂以爲家。

南岸大堤，自平漢鐵橋南數公里廣武山側起始，直達山東山地爲止。其下自十里堡運河入黃口起，至津浦路西二十五公里，峯巒起伏，間有小堤，用作局部堤防。政府未嘗加以治理。此後則單堤蜿蜒，以迄河口距海岸四十公里處而止，統曰官堤，約長二百公里。

此外兩岸月堤，到處可見，率皆環繞大堤決口處建築，其總長亦甚可觀。(見前段堤工測量)襄助大堤，防禦洪水，爲效實鉅，惜傾圮之處已多。

堤埝特點(堤身高度及水面高度)

沿河各地，自岸邊至堤脚，有顯著之坡度，而尤以河身距堤較遠處爲甚，此蓋冲積地層上河流共有之現象。堤頂高度，與堤邊等，甚或有低於岸邊者，皆爲河身固定多年，河岸漸淤增高，倘一旦河身遷移，則堤埝太低，洪水漫溢矣。

豫境河身固已數百年，兩岸堤埝，皆甚高實，僅數處略嫌低矮。冀省河道，則年代尚淺，堤身太低，然二十三年春季，已增高若干。

豫境北岸之草廠口，約當堤工測量百十六至百十七公里兩站間。河溜直擊堤岸，轉九十度角，折向東流，遂成一種河水起伏現象。不論洪水或小水平水時期，因埽壩阻滯，水流不暢，遂致壩身上游水位較其下游五分鐘內高至一公尺之巨，俄頃積水流去，重復原狀，而下一壩旁，又呈同樣現象。此種起伏，危及堤身實鉅，二十二年洪水時期，幾致漫溢堤頂。縱斷面圖中，此處洪水位線突然降落，即係因水位擁滯，過於提高之故。壩外若干尺處之洪水位，必與上下游洪水位調和。或謂因下游决口而發生此種現象，似不合理。因不論洪水時抑小水時，下游有無决口，此處漲落起伏循環不稍斷也。

黄河河床寬廣，水流湍激，短時期內，不易測量河床水道情形，即小水時期之河底縱斷面，惜亦不能繪得。平漢路黄河鐵橋以上，約百餘公里，當地形測量時，每公里間，測有河床大斷面。平漢橋下游，則僅於水文站及蘭封石頭莊等已測有地形圖處，測有同樣河床斷面若干。

二、地形測量

平漢路黄河鐵橋上游之地形測量

本會地形及水道測量，於二十二年十月三日起，自平漢路黄河鐵橋附近之第二四九號永久測站向上游進行。測量範圍，至東經一百十二度三十分孟津縣止，包括北岸之沁河，及南岸之洛河，共計面積一千七百五十公里。地形圖之比例縮尺爲一萬分之一，每張包括南北二分卅秒，計長四·六公里，東西五分，計長七·三公里，河床斷面則每一公里施測一次，更於每十公里處，測河灘及河身大斷面一次，斷面兩端連接於固定點以便重測。

二十三年伏汛期間，該段測量工作停止，此後將不再繼續西上，必要時或將北展，黄河鐵橋處河形變動太甚，即將局部重測。

自上項測量，得知鐵橋上游之河底，在不久前較近年為高。溫縣北岸之高崗，或即河床較高時河水泛濫所致。下游蘭封附近，亦有同樣高地，在咸豐五年黃河第六次改道前河床必較今日高五六公尺也。

其他地形測量

堤工測量甫畢，即施測山東黃花寺一帶地形九十方公里，河北石頭莊三百二十方公里，河南蘭封二百八十方公里。石頭莊與蘭封間正在測量中。一俟此段測畢，即自蘭封起沿河西進，以便與黃河橋以西之已測畢者接連。

二十三年秋季，外間除兩水準隊外，僅能組織二地形測量隊。一隊測量蘭封石頭莊間，已如上述。一隊則自山東濼口，沿黃河向下游進行，直赴河口。

測量之準確度

全部地形測量，皆係同一制度，用多圓錐投影導線測量法。每一導線網，約長二十至四十公里，距離以鋼鏈尺二付，用同一引力較量二次，幷加溫度改正，二線相交之角度，則以二號蔡司經緯儀讀至 0.″5 者觀測六次，計望遠鏡反正各三次，其優角亦須測量，因該角與其優角之和，不能與360度差至5秒以上也。

在每一導線網中，必須用近北極星諸星，至少測定方位角一次。須觀測三個以上不同之星，觀測之方位角，與計算得來者，相差不得超過五秒。根據本會測量法規規定之測量法施測所得之結果，常超過一萬分之一，精確至二萬分之一，甚或至五萬分之一。故一萬分之一之精確度，不難保持

○下列表中，爲一部分導線網之結果：

導線網精確度表

測量地帶	導線網	導線網總長 以公里計	閉塞差		準確度	附註
			經度	緯度		
石頭莊	1	49.051	0″.038 =1.17公尺	0″.111 =2.81公尺	1/15,300	第二隊
,,	2	48.410	0″.150 =4.62公尺	0″.133 =3.370公尺	1/8,460⊗	,,
蘭封	1	34.893	0″.008 =0.247公尺	6″.015 =0.381公尺	1/79,000	,,
,,	2	38.557	0″.005 =0.154公尺	0″.002 =0.051公尺	1/238,000	,,
,,	1	27.817	0″.010 =0.308公尺	0″.019 =0.428公尺	1/48,630	第一隊
,,	2	29.880	0″.022 =0.678公尺	0″.009 =0.229公尺	1/41,730	,,
,,	3	31.386	0″.029 =0.900公尺	0″.035 =0.900公尺	1/24,650	,,
,,	4	40.300	0″.022 =0.678公尺	0″.00004 =0.0006公尺	1/59,390	,,

平漢路黃河鐵橋以西	1	64.863	0″.098 =3.020公尺	0″.005 =0.127公尺	1/14.304	,,
,,	2	33.845	0″.051 =1.572公尺	0″.116 =2.938公尺	1/10.157	,,
,,	3	35.377	0″.017 =0.524公尺	0″.011 =0.279公尺	1/59.628	,,
,,	4	45.082	0″.015 =2.558公尺	0″.067 =0.944公尺	1/16.496	,,
,,	5	52.518	0″.025 =1.232公尺	0″.028 =0.361公尺	1/40.910	,,
,,	6	61.187	0″.070 =1.387公尺	0″.016 =1.117公尺	1/34.361	,,
,,	7	34.093	0″.036 =1.109公尺	0″.084 =2.134公尺	1/14.176	,,

⊗因係過河三角網導線不甚精確之故。

三、精密水準測量

堤工測量隊自第二四九號永久測站起，至冀魯交界處之第四〇二三號永久站接連，新測之高度與原值約差至半公尺許。故自前順直水利委員會之水準線網最南端新鄉附近一點，重作一等精密水準測量，至爲切要，已如上述。該線自新鄉縣沿平漢鐵路以迄黃河鐵橋北岸之第二四九號永久測站，校核後，繼續沿黃河南岸，直赴第四〇二三號永久測站，共計全程三百一十五公里。將來或更前進以達灤口，繼至青島，與青島海潮水尺接連，以求得大沽水平面與平均海平面之比較。

關于大沽，青島，以及其他各海平標準間之相互關係，及各標準與平均海平面標準之關係，應論者實多。內政部且分別函令各河流域水利機關，分作各處精密水準測量，並與各處海平面接連。本會担任部分，為重測前運河工程局所測自台兒莊運河岸邊之線，由濟寧沿運河北上，至運河與衛河交叉處之臨清一段。二年後可希望自揚子江以北得有一等精確水準網，以與各水利機關之水準接連。至于漢口至第二四九號永久測站間，亦應作一精密水準測量。

本會鑒于前運河工程局，未曾沿水準線作多數永久測站之失計。故于此次精密水準線，每四公里間，設有永久標點一處。每處計有洋灰樁誌二，一露地面，一埋地下一公尺許，二者相距二公尺，皆詳細標誌，以備尋覓。

所用水準儀為蔡司工廠最精良之三號水準儀，兩標點間，不論第一水準及校核水準，皆往返各測一次，分號記載；往返所測之數值相差不得超過 $E<0.004\sqrt{公里數(單程)}$公尺 常差則必須小于 $0.001\sqrt{公里數(單程)}$公尺。換言之，不論何處，往返二程積合數之差，不能超過限度。數月以來，該隊尚能保持記錄，不使超過限度，且進行甚速，每日約三公里左右。

自新鄉至第二四九號永久測站，發現有 0.110 公尺之差數。東行至蘭封與堤工測量之水準數值接連，已高出 0.150 公尺。以現在進行之值與第四〇二三號永久測站比，只差 0.35 公尺，將來或仍有改進。

四、第二四九號永久測站至陝西潼關之水準測量

本會既决定施測陝西潼關至龍門及潼關至鄭縣一帶地形，爲免除水準差誤計，遂自洛河口隴海鐵路橋旁之永久標點起，沿隴海路向潼關作水準測量。蓋洛河口之永久標點，爲本會測量隊所設立，由第二四九號永久測站測來者也。

該線測量法，係用二水準儀自兩標點相向前進，如是兩標點間，皆往返施測一次，精確度至$0.007\sqrt{\text{公里數}}$公尺。

該線將于二十四年二月中旬完成，是否繼續前進，至二百公里外之咸陽，尚未决定。咸陽以西之渭河測量，已由導渭工程處施測。其水準高度，正擬與以大沽海平面爲標準之高度接連。

該項水準測量完成後，則潼關至孟津間之任何地點，可以着手測量地形。其水準高度，不致有大差誤。而前後各處測量，可以銜接。

五、校核沿岸其他各機關所設永久測站之經緯度

本會延請北平研究院天文專家，代測沿河數處永久測站之經緯度。因導線計算，必有準確之起點，以爲根據，庶不至于計算時，因選用以緯度變化之函數之不同，而生歧異也。各施測地點如下

山東利津——黃河口附近

山東濼口——濟南附近
第四〇二三號永久測站——山東鄆城縣周橋爲前順直水利委員會所設立
第二四九號永久測站——平漢鐵路黄河橋附近爲前順直水利委員會所設立
陝西潼關
陝西西安——本會會址
陝西鳳翔

上述工作現已完成，準確計算結果，尚未得到。蓋須俟馬尼拉無線電台發送時刻之改正數得到後，始能確定各該處之經緯度也。馬尼拉無線電站發送之時刻，準確至半秒止，如工作精確過於半秒者，必須加以改正。該電台於發送時刻時，留有改正記載，可以函索。

自未加時間改正，已算得之第二四九號永久測站數值，與黄河橋上游及堤工測量所用之該站原測數值比較，不過相差經緯度各三秒。如加時間改正，則經度能準確至±1.5秒，緯度至±0.5秒。第四〇二三號永久測站未加時間改正之新數值，與原測之緯度相差1.2秒，經度則差5.2秒，濼口之第四〇三七號永久測站之緯度差0.12秒，經度差3.03秒。將來時間改正後，必可將經差減小。因經度測量之數值，與時間之關係至鉅也。

永久測站第四〇二三號及四〇三七號，皆爲前順直水利委員會於民國十年至十七年作地形測量時所設立，其經緯度應甚準確，因該項地形測量甚爲精細，包括此二站之導線網，已經校正。至於第二四九號永久測站之值，則僅自新鄉單程測來，未敢望其能與新測之値十分符合，然結果無大出

前順直水利委員會之標準經緯度值，係用司丹來十寸經緯儀，在天津觀測。民國八年測定緯度，準確至0".5，十一年測經度，準確至二或三秒。所用時刻亦與馬尼拉所放送者比較，其後以該值爲起點之測量，向未校核，今茲比較，足以證明舊值之可恃也。

導線測站之經緯度，槪以克拉克地球半徑數值計算得來，自已成工作觀之，似不致有大差誤，更可証明，導線測量法甚合用於平原地帶，較三角網測量法爲簡單。如必需時可以稍加精細，而得一等準確度。

我國向未舉行一等大地測量，以推算地球之半徑，該數值在大地測量中，實甚重要。今茲所論，想爲大地測量同仁所願聞。將來馬尼拉時期改正後，得有精確結果，更可作進一步之研究，以比較此項天文測量結果，與地面測量數值。至於本會之所以研究地球半徑者，僅欲得知克拉克之數，不致使長距離之測量，發生重大差誤而已。

六、黃河上游勘查測量

本會測量施行程序，將龍門至河源一段，列爲黃河上游勘查測量。

二十三年春本會與實業部地質調查所，及國防設計委員會商定，會同組織勘查測量隊，勘查自甘肅洮黃匯流處，至綏遠包頭間一段黃河。該隊自五月起開始工作，已完成洮河口至靖遠縣一段，現正整理記載，次年春將繼續進行。

本會測量進行表

本會所定測量進行表，應視經濟情形，陸續完成之，列表如下：

（一）黃河兩岸之地形及河道測量共	一八，四〇〇平方公里
已完成者；	二，八〇〇平方公里
未完成者；	一五，六〇〇平方公里
（二）黃河北部地形測量，與華北水利委員會已完成之測量接合；	二一，七〇〇平方公里
（三）黃河南部地形測量，沿隴海線及微山湖；	二六，六〇〇平方公里
（四）黃河故道至海邊之地形測量；	三，〇〇〇平方公里
（五）潼關以東至本會已測地點測量，計長二四〇公里，寬以五公里計共約	一，二〇〇平方公里
（六）龍門至潼關間測量長一三〇公里，寬二〇公里。	二，六〇〇平方公里
（七）渭河測量自咸陽至黃河；	二，六〇〇平方公里
以上自龍門至河口共計	七五，三〇〇平方公里

（八）自潼關至甘肅洮河口以至黃河河源，本會應作一全部勘查，勘查時，應于重要處詳細勘定，以備整理河床時設計估計之用。此項工作，預計以兩隊工作四年，約需洋二六〇，〇〇〇元。

（九）關於黃河河口測量，本會已與海軍部商定代測，本會担任測量費計五〇，〇〇〇元

（七）測量費用估計：

(一)沿岸地形測量，計每平方公里估價十五元。

15×15.600　二三四，〇〇〇元

其他距河稍遠處，計每平方公里估價十元。

10×48.300　四八三，〇〇〇元

(二)自孟津至龍門及渭河測量，計每平方公里估價十八元。

18×6400　一一五，二〇〇元

(三)自龍門至河源估計，　二六〇，〇〇〇元

(四)自徐州用沿舊黃河至海岸，　六〇，〇〇〇元

海岸測量　五〇，〇〇〇元

(五)管理行政費及繪圖費以五年計，每年六〇，〇〇〇元；　三〇〇，〇〇〇元

(六)儀器用品等費；　六〇，〇〇〇元

總計黃河全部測量以五年完成，共計　一，五六二，〇〇〇元

所謂五年完成者，應組有五個大地形測量隊施測下游南北兩平原。繪圖室中亦有相當人員，並有二小隊，測量上游。

平均每月經費爲二六，〇〇〇元，每年三一二，〇〇〇元。

此次估計數量，較前次估計者稍大。因下游河道測量較難，用費較增，應爲每平方公里一五，五〇元。如與黃河南北兩部地形測量平均，或可低於每平方公里十五元之數。

本會工作包括甚廣，用于測繪事項者，每月僅約萬元，只可維持二水準隊，二地形隊。繪圖工作，亦因經費困難，進行甚緩。

倘不能得有充分經費，則本會所定之測量表，即將延至十五年，始克完成。而大堤內之地形，必已變更，仍須重測。所以黃河測量，因河形變化無常，應急速完成，庶可表現水道情形之準確眞實。

第二節　黃河水文之研究

一、中國西北部降雨及流量與氣象之關係

黃河流域雨量之來，由於旋風進行時大氣之震盪，如夏季之大陸，太平洋，雙方高低氣壓之交流是也。夏季之時令風，有時亦能降雨；其雨量之多寡，則視此風所受旋風之影響而定。沿東海岸北進之颱風，於內陸暴雨之來，恆無甚影響；然一旦侵入內地，則暴雨洪水亦隨之而至。但遇過強之颱颶，其中心雖在海岸，固亦能影響及於內地甚遠，而使暴雨驟至；如二十三年八月七日至九日颱風中心經過上海以北海岸時，綏遠山西及陝西北部之暴雨發生洪水，十一至十二日間經過開封，即其証也。然一究二十三年七月初黃河第一次漲水，或者其爲大陸性高氣壓流，至一低壓區時，降雨所致。

自秋徂春，中國西北部之氣候，乾燥極矣。西比利亞高壓所生之時令風，不復帶有微雨。有之

，必自西北至西南方向，爲大陸性低壓所挾持者；此低壓之產生，或遠胎於大西洋上。否則由印度洋，或東京灣，與西藏高原氣候之交換；或更由他種原因所釀成，顧雖頻頻吹來，但未必時時降雨；則其未抵中國之先，在太平洋上風速過高，無充分時間，足以吸收水分，而乾燥之西北風有時且掠奪之，故即能降雨，其量亦甚稀少，不足影響流量之顯然變動。然在四月之後，有時亦能發生輕洪。

四月之末，河源積雪消融，流量增加，然亦不甚爲害。以該處積雪本不甚多，且在乾燥之氣候中，其蒸發消失之量，固猶多於融化者也。

中國內地氣象記載，異常缺乏；欲藉之，以研究一時一地降雨之成因，殆不可能。本會於第三次大會時，曾提議於開封，或西安等處，設立一等測候所；藉以研究黃河流量，與氣象之關係。蓋惟有一等測候所，乃能直接收受遠東各處之氣象消息。而遠勝於僅恃各方之報告。本會爲謀適應於河道進一步之研究起見，且將謀所以改良遞傳氣象之方法；俾於西北氣象學上發生異彩。數載之後，研究益有所得，必能於先期數日，預測洪水之發生；此與下游數千萬生靈財產，所恃以爲保障之八百公里長堤修守，實有莫大之關係者也。若彼報信站，實不足以語預測黃河之水文。至現今所能收受上游數處洪水之電信，不過能使下游可得十二小時之預警。若在昏夜，電信不能拍發，曾十二小時之不足，益感預警之太促矣。

二、流域之性質

地理學家計及黃河流域時，恒括華北廣大之冲積層平原在內，如此非特現時經流天津以入渤海之衛河，子牙，大清，永定以及源出泰岱之支流均在內，即入淮各支河亦將囊而有之矣。但爲研究現時黃河，必須就現時經流之道計算，至平漢路線以西爲止。該路線以東兩岸，實受堤埝約束，至泰岱山麓止，已無支流之注入，不能歸納流域中也。自丁文江翁文灝及曾世英三君所編地圖，以圖量流域面積，至平漢線止；爲七五六，六八四平方公里。三氏地圖，係彙集中外各種地質測量，以Polyconic Paojection法繪製之；比例二百萬分之一。以精確詳明言，此時蓋無出其右者。由本會技正高鈞德博士所著黃河圖圈量之，得七五三，一二〇平方公里。（是圖以 Lamberth's Zenithal Projection 法繪製之，比例四百萬分之一。）兩者出入無多，故定平漢線上，黃河流域面積，爲七五五，〇〇〇平方公里，蓋近之矣。泰岱區域之屬於黃河流域者，約一二，〇〇〇平方公里。惟此區域因受運河南北分流影響，畛域不甚明晰，第未能得充分時間以研究之；要其入黃流量，二十三年七月曾有六〇〇秒立方公尺之記載，以此觀之，實亦不可侮也。觀後附流域面積表。

全河縱坡，於總論中已略述之。至兩堤精確高度，可於本會兩隄縱斷圖中得之。

黃河及其主要支流流域面積計算表

區域或河別	在黃河之左或右	流域面積 以平方公里計	
洮河口以上之黃河		144,280	
洮河	右	29,220	
洮河以上之黃河			173,500
湟河	左	17,200	
大通河(浩亹河)	左	12,120	
永登縣之河	左	7,600	
其他		1,760	
蘭州以上之黃河			216,180
大營川	右	2,280	
祖厲河	右	10,000	
混水溝	右	1,180	
清水河	右	14,600	
其他		20,340	
金積以上之黃河			264,580
山水河	右	10,640	
都思兎溝	右	4,200	
臨河五原數縣之河渠	左	19,320	
合賴溝	右	1,680	
水東湖川	右	1,280	
其他		93,080	
民生渠口以上之黃河			394,780
黑河及民生渠	左	12,080	
紅河	左	6,948	
清水.木瓜.孤山.三川	右	2,280	
縣川河	左	2,280	

區域或河別	在黃河之左或右	雨域面積 以平方公里計	
朱家川河	左	2,680	
嵐漪河	左	2,560	
蔚汾河	左	1,480	
窟野河(烏蘭木倫)	右	9,052	
禿尾河	右	3,130	
五女河	右	1,360	
湫河	左	1,740	
三川河	左	4,480	
屈產水	左	2,120	
無定河	右	23,152	
其他		18,258	
無定河口以上之黃河			488,380
清澗河	右	4,940	
昕水河	左	3,908	
延水	右	7,160	
汾川河	右	1,820	
銀川仕望川丹陽川三水	右	1,372	
其他		7,728	
禹門口以上之黃河			515,308
汾河	左	40,240	
涑水	左	5,320	
渭河	右	(144,760)	
太寅以上之渭河		29,880	
洴水		3,540	
太寅至咸陽之渭河南區		8,600	
武功河一區		6,000	
涇河		56,930	

區域或河別	在黃河之左或右	雨域面積 以平方公里計	
石川河及滏惠渠		4,740	
北洛河		27,020	
咸陽至潼關之渭河南區		5,460	
其他		7,550	
潼關以上之黃河			712,588
潼關至陝州黃河南岸一區	右	4,580	
潼叢至沁河口黃河北岸區	左	7,780	
陝州至南洛河口黃河南岸區	右	1,880	
南洛河	右	13,028	
伊水	右	4,960	
汜水	右	820	
沁河	左	10,500	
其他		548	
鄭州以上之黃河			756,684

附記：一

1. 鄭州以上黃河流域面積在四百萬分一德文圖量得者爲 719.680 平方公里，又在另一德文四百萬分一圖量得者則爲 753.120 平方公里，在二百萬分一申報中華新地圖量得者則爲 756.684 平方公里，本表即以申報中華新地圖爲根據。

2. 洮河口以上黃河流域面積數內，已除去呼裕云河及達布遜諸爾之區域。（即北緯$36^{\circ}-15'$及東經$100^{\circ}-33'$之西北隅）

3. 表內『其他』一欄係列各段逕流入河之區域未曾分別計算之和數。

4. 鄭州以下至利津海口，計程約700公里，南北兩岸均經築堤，其堤距狹者不足一公里，寬者達三十餘公里不等，其間僅有山東汶水沙河灤水三河流入黃河，（汶水則非完全入河）該三河雨域面積合計爲 11,932 平方公里，未列表內。

三、流量之情狀

黃河水位高低懸殊，六七月間流量漸增，倏漲倏落。九十月之後，漲落漸減。十一月中低水始現。二十三年十月之初，猶有盛漲，流量幾至一萬秒立方公尺，蓋稀見矣。冬月流量最小，天氣嚴寒，幾盡結爲冰，解凍之後，流量復次增加。春令時有漲發，後此又漸下降。五六月間低水重現，然不及冬季之低也。低水位時，含沙較輕，盛夏暴漲，含沙特重，此黃河流量大概情形也，後將再論及之。茲爲便利研究起見，依照特性暫行分段如次：

一、自海口至平漢路橋。

二、自平漢路橋，至潼關黃渭合流處。

三、自潼關至綏遠包頭。

四、渭河系。

五、自包頭至寧夏金積。

六、自金積至河源。（此即所謂黃河上游）

潼關以上黃河流域形勢奇異。自皋蘭以迄潼關，迂迴遶繞；而納其最要支流之渭河流域於環抱之中。此處黃河本身流量輕微，常在一萬秒立方公尺以下，絕不能超過二萬秒立方公尺。視彼宜昌以西揚子江流域，面積雖稍大於是；漲水流量，常在三萬秒立方公尺以上，有時且增至七萬秒立方公尺者，誠瞠乎後矣。即較其低水流量，亦爲什一之比。宜昌以西揚子江低水流量，約三千秒立方公尺，陝州黃河低水流量，曾不及三百秒立方公尺。（冰凍時期猶不及此數）雖冬季西北雨量絕少，不及中部之多；足使低水時期流量懸殊。然在夏季，固亦大雨時行，不讓中部，而仍復相差如是之鉅者。則其流域形勢特殊，有以致之也。縱觀潼關以上黃河流域，形似蒲葵；總支箍聚，宜若可以發生鉅大流量者矣。第一細考之，則其所聚者，爲渭水，而黃河本身固猶帶環其外。其在寧夏包頭五百七十公里之間，無流域之增益。故黃渭漲水，能否調洽，關鍵屬於包頭以下流域問題；包頭以上，設有漲發，必來自蘭州以上，受害亦在彼處。蘭州以下，長槽瀰貯，平緩益多。以故包頭漲水時期，延長昇降差少，遠不若蘭潼陝等處之漲落倏忽。即其含沙量低減，對於下游汾渭等河混漲，發生稀溶作用，亦甚顯著。間嘗有以蘭州以上黃河流量太半來自洮河者，是說不無可疑。按洮河流域面積計二九．〇〇〇平方公里，約爲其本身上游流域一四四．〇〇〇平方公里之五分之一。以五一相比之流域面積，謂能生相等之洪水已奇矣，況乎過之。迨本會考察團出，然后知黃河本身流量，超過洮河遠甚。其最高最低相較，固均爲一與三至一與四之比也。距蘭州上游不遠，湟河及大通二支流會合，自西來匯，與低水流量甚關重要。蘭州以下，東岸來匯之支流，面積亦甚可觀；以其經流不毛之地，情形僅亞於鄂爾多斯，故不爲世人注意。再下經寧夏綏遠以迄山陝交界之河曲，幾無來匯之水。一歲之中，除盛夏暴雨時間，稍有水流注入外。他時或者反自河水分出。研究綏遠灌溉，及綏寧交通問題，必須注意及之。河曲以下迄潼關止，兩岸流入之水甚多。漲水期間，流量含沙，均屬可驚，關係至鉅。然一交秋冬，咸就乾涸。即如汾河流經晉省中部，受灌溉需水影響，有時亦復斷流。惟渭河經年不涸。雖其最低流量，僅及十五秒立方公尺。然當其漲發，實爲下游泛濫主要原因。考其流域面積，差與包頭潼關間各支流之和相等。陝潼以下，洛沁等河洪水量亦頗鉅。但所含泥沙，視包潼間各支流減輕多矣。南洛終歲通流，低水豐裕；實支流中之佼佼者。

四、低水時流量

以春季各支流乾涸情形，則知黃河於春夏低水之間，流量減至四百立秒方公尺，非偶然矣。此低水時之流量，一部來自蘭州以上，經流寧綏，自然減少，至晉陝重復增加。包頭鎭下十五公里，過去四載間，華洋義賑會水文記載；每屆四月間流量，減至二百秒立方公尺以下。其最低記載，則爲民國二十年四月之一四五秒立方公尺。同時陝州水位記載，推得流量，約爲四五秒〇立方公尺。故討論低水位時，蘭州以上，亦非可忽，要知此處低水，殆爲河源一帶積雪之賜也。

陝州以下黃河最低流量，每因嚴寒而產生。北風凜烈，六出紛飛，沿河漸被封凍，流量時減至一五秒〇立方公尺以下。山東濼口流量，恒減至百秒立方公尺以下。有時竟減至五秒〇立方公尺。三數日後，結冰已厚，水流藏熱，不復散失。迨結冰停止，流量重復加大。二月中旬，豫冀上游遂漸解凍，下游未及融化，冰凌壅積，水位抬高，竟至發生潰決慘禍。至若擦傷隄防，擠動埽壩，尤數見不鮮。綏遠冰凌壅阻，亦常爲害。惟爲時較遲，約當四月之末，則其地位居北使然。然在潼關四月中旬以降，不再見有凌塊漂浮，則在途中已經銷融故也。有謂龍門附近五月猶見冰凌者，此或當解凍時，被埋於沙，後遭冲刷而出耳。

春日黃河，常有一二日之漲發；流量約及二〇〇〇至三〇〇〇秒立方公尺之數。苟遇雨量充足，則五月中旬之前流量，不再低減至千秒立方公尺以下。五六月間流量，必重下降；在陝州間補當二五秒〇立方公尺。猶稍高於冬季最高流量，其在灤口，其曾低至二〇〇秒立方公尺。

五、漲水時流量

西北週率性長期旱季。於民國二十年暫告結束以來，雨量已見增多。二十二年洪水。爲黃河北徙以後八十年來所罕見。二十三年漲水流量，祇及上歲之半。而源泉汨汨，各支幹收受四週浸泌甚多，尚能維持流量。迨是歲十二月之始，方降至一千秒立方公尺之下。則亦雨量充足之功也。

黃河洪水之奇特，以其性悍非以其量大，此於平漢路橋之上游可以見之。既入平曠，受寬闊河床平緩作用，及滲漏影響，兇猛之勢已殺。抵山東已較過汴時爲馴多矣。泛濫之洪水，必於上游決溢，以肆兇焰。山東實未嘗當其鋒也。故溢出之水，雖仍逐漸匯入正河；如二十二二十三兩歲之例；駕之馭之頗易易耳。嘗就今日之河床堤埝形勢研究之，自一三〇〇〇至一四〇〇〇秒立方公尺以上之流量，難期安全通過豫冀交界處，欲其安然導過巨量洪水，以抵於海，尤不可能。所幸洪水不常；自過去之記載視之，平漢橋下流量，恆不及一萬秒立方公尺。抵山東已不及八千秒立方公尺。堤埝之所以不常決溢者殆以此。

華洋義賑會觀測綏遠黃河春夏秋三季水文；始自民國十九年四月，迄今已四閱年矣。今夏改由本會接測。同時蘭州水文，本會亦曾派員施測。后以人事之調動，暫時停頓。今已商請由甘肅氣象測候所接續觀測水位。所可藉以研究上游漲水情形足以影響及於下游者惟此也。

綏甯長槽，有平緩上游漲水之功，前已言之。參以過去記載，吾人敢謂包頭流量，不能超過四千秒立方公尺，非屬武斷。該處夏期流量，常高至二千秒立方公尺。二十三年夏最大流量，爲二二〇〇秒立方公尺。其在蘭州則爲五四〇〇秒立方公尺。二十二年蘭州最大流量，爲七〇〇〇秒立方公尺。在包頭則爲三六〇〇秒立方公尺。是故上游漲水，不能認爲下游泛濫主要原因；必將於包頭之下黃河流域中求之。茲姑分爲兩區域以研究之：一、自包頭至潼關兩岸各支流域；二、渭河流域。前者之爲一二〇〇〇〇平方公里；後者約爲一四五〇〇〇平方公里。兩區面積，固無甚出入；即自所得資料觀之，其影響於下游洪水量，實亦相等。由下列各處記載，二十二年八月八日至十二日之洪水，不難蹤索之也。

一、綏遠民生渠口水位及含沙之記載，自曲線圖推算之流量頗可恃。

二、陝州水文站水位流量，及含沙之記載。

三、其他沿河各處水位：本會已抄錄一部分，但多數水尺，咸被大水冲去，記載中斷。其中因位於決口之下，正槽不復走溜，記載失效者有之。亦有位在決水復歸正槽之下，可藉以研究決口溢水處與平綏洪水峯之關係者。

四、洪水時渭河水位記載之一部；咸陽記載站，距黃渭交會處，約一五〇公里。水尺被洪水冲去後，未能補立，故記載中斷。然渭河最大洪水，老年人猶能道之。

五、涇洛二河記載，頗稱精詳。涇河入渭之處，在咸陽之東三十公里。洛河入渭，則在黃渭交會處之上十五公里。

六、南洛（即河南之洛河）；亦有水位及流量記載。其入黃處，約距平漢路橋之上六十公里。

七，太原汾河水位流量之記載；太原距汾河口約四〇〇公里。汾河入黃距潼關百公里。

彙集上舉之記載，吾人勉可分析去年洪水之成因。所惜附近潼關以上，黃河本身記載終付缺如，否則研究之結果，將不止此。茲特製訂黃河來自各區域之流量表，並由陝州平均流量約數曲線推得其流量，以作一比較。

按陝州實測最大流量，係於民國二十二年八月九日以浮子測得之。八日午夜水位忽告上漲，水尺即遭沒頂，至九日觀測時，已保持一不漲不落之狀態，於是臨時施測水準，得水位高出大沽基點上二九七・〇八公尺，計算流量得一四三〇〇秒立方公尺。九日晚水復上漲，翌晨猝然下降，與九日施測者齊平，故當時未察九日午夜有一極高之水位也，觀水位曲線亦顯是夜水位漲增之勢。迨十一月間本會派遣工程師施測標準斷面上下遺留高水痕跡時，固猶宛然知其高度；較施測流量時之水位，高出一・一五公尺，即最高水位爲二九八・二三公尺。由是推算是夜最小流量，爲二三〇〇〇秒方公尺。本會副工程師劉鍾鑽，曾亦推解該處最大流量，並其糙率n之值，亦計算之。該站低水時斷面之寬，約二〇〇公尺，最高水位時，寬約八〇〇公尺，河底滿鋪自上游山溪冲來之礫石，狀頗隱固，上被薄沙層。流速迅疾，在流量八千秒立方公尺時，猶能超過三〇秒公尺，河底沙浪時現游動，常生急流狀。故在先後同一低水位之流量，終不能等。然就大體言之，河底之變化比較猶小。即漲永前後，及逐年斷面之變遷，亦不甚著。至大水時，水位與流量，關係之不符，則其原因更多；如縱坡因漲落不常，而發生變化，及含沙多寡等等，更難一一舉之矣。按十餘年來，陝流州量之記載，未曾超過八十秒立方公尺。而廿二年洪水流量，突然推定爲二三〇〇〇秒立方公尺，人或疑之。然一究收集各方之因素，蓋又無足疑者；且陝州耆老，猶能歷數黃河大漲年中，不乏較二十二年之流量猶高者矣；又參以最近所得關係各支流洪漲報告，則此二三〇〇〇秒立方公尺之數，益不足奇矣。茲姑以渭河論之；其支流涇河流域面積，約五九〇〇〇平方公里。計算其最大流量，可高至一五〇〇〇至一六〇〇〇秒立方公尺。距涇渭交匯四十公里之處，設有測站，並製有流量曲線圖。自此曲線估計，二十二年流量爲一二〇〇〇秒立方公尺。北洛河乃渭河之第二重要支流也；流域面積約二七〇〇〇平方公里，洛惠工程局測得最大流量約二五〇〇秒立方公尺。洛域長狹，未若涇域之箑漿；兩支合流，其流量蓋將及一五〇〇〇秒立方公尺矣。渭河上游之猛漲，比於涇河；其自南岸秦嶺歸來各支，情形亦相彷彿；所不同者，含沙之量較輕，足與綏遠以上來水，共成稀融作用，俾黃河混流，長能東逝。否則如二十二年蘭封以下之沿途沉澱，河槽之淤阻，益不堪問矣。

數載以來，關於渭河流域水文記載之搜集，約如上述。至於潼關包頭間·兩岸來歸衆支流之水文情形，尙付缺如。此衆小支流，類皆流經峻陡黃土山谷之中，於繪製夏季等雨量曲線實不能忽視之。無定河乃此衆支流之最鉅者也；流經陝西之北部，東流抵清澗入河；流域面積約二三〇〇〇平方公尺。其他小支流，雖鉅細懸殊；要其傾洩鉅量流量，飽携泥沙情形則一。

民國二十一年夏季龍門流量，據地質調查所方君俊勘查壺口龍門報告，計約八〇〇〇至一〇〇〇〇秒立方公尺。是年八月十二日，陝州流量估爲一一〇〇〇秒立方公尺，同時涇河流量，爲四〇〇〇秒立方公尺。方君龍門流量之估計，實頗近似。觀察二十二年龍門之流量，幾與二十一年相同。該處河面寬約六〇〇公尺，兩岸壁削，洪漲時水深十公尺。據土著稱：河底被洪水刷深·自十至十二英尺。則最大流量時，水深爲六或七公尺。然其過水斷面積，至少爲四〇〇〇平方公尺左右，或竟增至六〇〇〇平方公尺，平均流速以每秒三公尺計，則最大流量，將爲一二〇〇〇至一八〇〇〇秒立方公尺。根據華洋義賑會綏遠水文記載，估計來自綏遠以上之流量，約爲二〇〇〇至二五〇〇秒立方公尺。是故包頭龍門間，衆小支流，同時漲發；流量增至一〇〇〇〇至一五〇〇〇秒立方公尺，非不能也。

汾河流域帶長面積，約四〇〇〇〇平方公里。流量不能超出二五〇〇秒立方公尺。含沙亦較他支流爲少。

潼關以下入黃較大之水，南洛北沁而已。洛較大，洪水量均不能超過六〇〇〇秒立方公尺？且以地位關係，漲發咸不能與上游支流同時。

綜合各支河流量情形以觀；黃河能否發生更鉅洪水，當視各支流洪水峯，能否同時相遇爲斷。二十二年各峯先後抵潼，相差實均數小時耳。設竟不幸同時互遇於潼，或將發生三〇〇〇〇秒立方公尺之洪漲。機會雖稀，卒非不可能之事也。視二十二二十三兩年洪水量簡單分析表。

六、含沙問題

黃河洪水量之奇特，不若其漲發兇猛之甚。而其漲水時含沙之多，實爲病患之源，致成世界上最難治導河流之一。每歲十一月中旬之後，五個月內，潼關至河口間，含沙鮮能超過重量千分之五至千分之六。嚴冬期間，曾不及千分之一。於是發生局部冲刷，以增重之。惟刷於上，仍淤於下，循序東進，不致逐步增加。春令漲發。含沙立現增加，數小時內，即能加重數倍。此後含沙，雖有增減，總在百分之一以上，不復再減至如冬季含量之輕。然遇春令重旱，流量長期在五〇〇秒立方公尺以下時，偶亦降至百分之一以下。

黃河含沙，咸屬細沙與粘土，源於上游黃土及紅壤之冲刷，太半來自晉陝甘三省，少數則由青綏甯豫供給之。洪水期中，河床冲刷，亦係泥沙之來源。至於冀魯兩省，實爲淤澱之區。泰岱山區，或亦供給些微之量，與上游無關。

上游黃河含沙之情形；前此固未嘗深究也。自有華洋義賑會綏遠水文觀測，始知該處黃河含沙，鮮能超過重量百分之二。二十三年本會施測之結果，亦復相同。蓋與龍門潼關，含沙增重情形，絕不相類。蘭州含沙施測之結果，亦同於綏遠。故知上游含沙與流量太半來自蘭州之上也。

涇惠渠灌溉工程處，觀測涇河水文之結果；低水時甚清。春令稍漲，沙重可至百分之三十。夏期盛漲，竟重至百分之五十。洛河與渭水情形相似。然自南岸秦嶺發源入渭各河，其含沙實較自北岸入渭各河，減輕甚多。惟大體言之，渭河流域，實爲供給潼關以下黃河含沙主源之一。

晉省以爲潼關包頭間衆小支流，對於黃河含沙，不甚爲患。爲患者或屬來自晉西之汾。細考汾河大部含沙，來自太原以上。太原雖有重量百分二十之記載。太原以下，流經該省四百公里之河床始行入黃，沿途攔貯，流量含沙，實不能與涇洛等河同日而語。証以二十三年夏本會龍門水文報告。然後知龍門包頭間各小支流，其流量及含沙，差比於渭河流域。龍門水文之記載，始於二十三年夏六月。八月八日測得洪水流量，爲六〇〇〇秒立方公尺，同日最大洪水流量，推估約一二〇〇〇

黃河洪水量簡單分析表

單位以每秒立方公尺計

黃河流域各受水區域對於民國二十二年黃河洪水之關係

自八月七日至八月十四日　　第一頁

日期	潼關陝州間流入之水	渭河河系			山西汾河	包頭潼關間流入之水	包頭以上之黃河	總計（在陝州）	陝州黃河水位	陝州黃河
		洛河	涇河	渭河						
7th 0	—	—	100	100	50	50	2,200	2,500	291.52	2,300
4	—	—	100	100	50	50	2,200	2,500	291.53	2,300
8	—	—	100	100	50	50	2,200	2,500	291.58	2,300
12	—	50	100	100	50	50	2,200	2,550	291.62	2,400
16	—	100	100	200	50	50	2,200	2,700	291.65	2,500
20	—	200	700	200	100	100	2,200	3,500	291.80	3,800
24	—	400	1,200	200	100	100	2,200	4,200	292.00	4,200
8th 2	—	600	2,000	200	100	100	2,200	5,200	292.90	5,200
4	—	1,200	2,400	200	100	100	2,200	6,200	293.18	6,200
6	—	1,200	2,600	200	100	100	2,200	6,400	293.25	6,600
8	—	1,000	2,800	200	100	100	2,200	6,400	293.23	6,400
10	—	800	3,000	200	100	100	2,200	6,400	293.20	6,300
12	—	600	3,200	200	100	100	2,200	6,400	293.15	6,100
14	—	500	3,500	300	200	100	2,200	6,800	293.25	6,500
16	—	400	4,000	400	200	300	2,200	7,500	293.55	7,100
18	—	1,000	4,500	500	300	900	2,200	9,400	294.25	9,000
20	—	1,500	4,500	600	300	2,000	2,200	11,100	295.11	12,000
22	—	2,000	4,500	700	400	3,500	2,200	13,300	295.85	13,000
24	50	2,000	4,500	700	400	5,000	2,200	14,850	296.37	15,500
9th 2	100	2,000	4,500	600	500	7,000	2,200	16,900	296.70	16,000
4	200	1,800	4,500	600	500	8,000	2,200	17,800	296.90	16,500
6	300	1,600	4,500	600	600	8,000	2,200	17,800	297.05	17,000
8	200	1,400	4,500	600	700	8,000	2,200	17,600	297.05	17,000
10	100	1,200	5,000	600	800	8,000	2,200	17,900	297.05	17,000
12	50	1,000	6,000	700	900	7,000	2,200	17,850	297.05	17,000
14	—	900	7,000	800	1,000	6,000	2,200	17,900	297.07	17,000
16	—	800	8,000	900	1,100	5,000	2,200	18,000	297.10	17,500
18	—	700	9,000	1,000	1,200	4,000	2,200	18,100	297.15	18,000
20	—	600	10,000	1,500	1,300	3,000	2,200	18,600	297.33	19,000
22	—	500	11,000	2,500	1,400	2,700	2,200	20,300	297.80	21,000
24	—	400	12,000	3,500	1,600	2,500	2,200	22,200	298.12	22,000

黃河洪水量簡單分析表

單位以每秒立方公尺計

黃河流域各受水區域對於民國二十二年黃河洪水之關係

自八月七日至八月十四日　　第二頁

日期	潼關陝州間流入之水	渭河河系			山西汾河	包頭潼關間流入之水	包頭以上之黃河	總計（在陝州）	陝州黃河水位	陝州黃河
		洛河	涇河	渭河						
日 時 10th 2	—	300	12,000	4,000	1,800	2,300	2,200	22,600	298.23	23,000
4	—	300	11,000	3,500	1,700	2,100	2,200	20,800	298.00	19,000
6	—	300	10,000	3,000	1,600	2,000	2,200	19,100	297.57	17,000
8	—	300	9,000	2,500	1,500	2,000	2,200	17,500	296.95	15,000
10	—	300	8,000	2,000	1,400	2,000	2,200	15,900	296.60	14,000
12	—	300	7,000	1,800	1,300	2,000	2,200	14,600	296.35	
14	—	300	6,000	1,600	1,200	2,000	2,200	13,300	296.25	13,000
16	—	300	5,000	1,400	1,100	2,500	2,200	12,500	296.12	
18	—	200	4,000	1,200	1,000	3,000	2,200	11,600	296.00	12,000
20	—	200	3,000	1,200	1,000	3,500	2,200	11,100	295.80	
22	—	200	2,000	1,200	1,000	4,000	2,200	10,600	295.60	11,000
24	—	200	1,500	1,200	1,000	4,000	2,200	10,100	295.40	
11th 4	—	200	2,000	1,000	900	3,500	2,200	9,800	295.25	
8	—	200	2,500	1,000	800	3,000	2,200	9,700	295.25	10,000
12	—	300	3,000	1,000	800	2,500	2,200	9,800	295.23	
16	—	300	2,800	1,000	1,000	2,200	2,200	9,500	295.25	
20	—	300	2,600	1,000	1,200	1,900	2,200	9,200	295.25	
24	—	300	2,400	1,000	1,400	1,500	2,200	8,800	295.15	
12th 4	—	400	2,200	1,000	1,400	1,100	2,200	8,300	294.90	8,000
8	—	400	2,000	1,000	1,400	900	2,200	7,900	294.80	
12	—	400	1,800	1,500	1,200	700	2,200	7,800	294.75	
16	—	300	1,600	2,500	1,000	600	2,200	8,200	294.80	8,500
20	—	300	1,400	4,500	800	600	2,200	9,800	294.85	9,000
24	—	300	1,000	3,500	600	600	2,200	8,200	294.70	
13th 4	—	300	800	3,000	500	700	2,200	7,500	294.00	7,000
8	—	300	600	2,500	500	700	2,200	6,800	293.77	
12	—	300	300	2,200	400	1,200	2,200	6,600	293.78	
16	—	200	200	2,000	500	1,500	2,200	6,600	293.75	
20	—	200	200	1,800	700	1,500	2,200	6,600	293.60	6,500
24	—	200	200	1,600	900	1,400	2,200	6,500	293.55	
14th 4	—	200	200	1,400	1,000	1,300	2,200	6,300	293.55	
8	—	200	200	1,200	800	1,200	2,200	5,800	293.50	6,000
12	—	200	200	1,100	600	1,200	2,200	5,500	293.40	
16	—	200	200	1,000	300	1,100	2,200	5,000	293.30	
20	—	200	200	1,000	300	1,200	2,200	5,100	293.20	
24	—	200	200	1,000	800	1,400	2,200	5,300	293.25	5,000

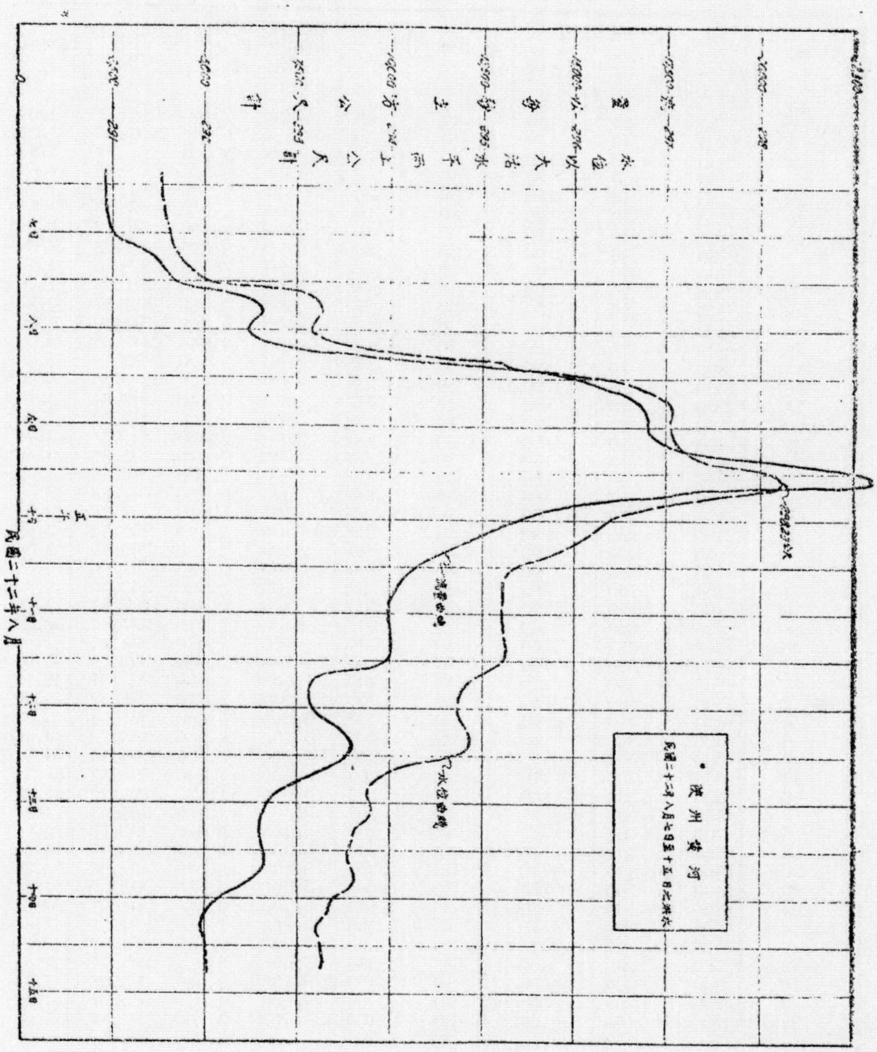

黃河洪水量簡單分析表

單位以每秒立方公尺計

黃河流域各受水區域對於民國二十三年黃河洪水之關係

自八月七日至八月十二日

日期	渭河河系			汾河	包頭以上之黃河	包頭潼關間流入諸水	總計秒立方公尺	陝州黃河水位	陝州黃[illegible]
	洛河	涇河	渭河						
日 時									
7- 0	50	40	160	40	1,300	400	1,990	291.77	2,00
4	50	40	160	40	1,300	400	1,990	291.77	2,00
8	50	40	170	40	1,300	400	2,000	291.62	1,80
12	50	40	170	40	1,400	300	2,000	291.62	1,80
16	50	40	180	30	1,400	200	1,900	291.54	1,80
20	50	30	190	30	1,400	200	1,900	291.56	1,80
24	50	30	190	30	1,400	300	2,000	291.72	1,90
8- 2	60	30	200	30	1,400	300	2,020	291.82	2,00
4	80	20	200	30	1,400	450	2,180	291.90	2,10
6	100	20	200	30	1,400	500	2,250	291.94	2,20
8	200	20	200	30	1,400	600	2,450	292.12	2,40
10	400	20	200	30	1,400	600	2,650	292.39	2,80
12	600	20	190	30	1,400	700	2,940	292.66	3,30
14	800	20	190	30	1,400	700	3,140	292.70	3,40
16	1,000	20	190	30	1,300	900	3,440	292.76	3,50
18	1,200	20	190	30	1,300	800	3,540	292.81	3,60
20	1,500	20	180	80	1,300	600	3,630	292.79	3,60
22	1,300	20	180	30	1,300	600	3,430	292.71	3,40
24	1,000	30	180	30	1,300	600	3,140	292.58	3,10
9- 2	900	50	180	30	1,300	600	3,060	292.54	3,10
4	600	50	180	30	1,300	600	2,760	292.38	2,80
6	300	400	180	30	1,300	400	2,610	292.28	2,60
8	200	600	190	30	1,300	400	2,720	292.24	2,90
10	100	600	190	30	1,200	300	2,420	292.19	2,50
12	100	660	190	30	1,200	300	2,480	292.29	2,60
14	200	760	190	30	1,200	300	2,680	292.38	2,80
16	400	690	190	30	1,200	400	2,910	292.41	2,90
18	500	660	180	30	1,200	400	2,910	292.42	2,90
20	600	600	180	30	1,200	400	3,010	292.42	2,90
22	900	550	180	30	1,200	700	3,560	292.69	3,60
24	1,200	500	170	30	1,200	1,100	4,200	293.01	4,10
10- 2	1,500	480	160	30	1,200	2,200	5,570	293.72	5,90
4	1,800	450	200	30	1,200	3,000	6,680	294.04	6,80
6	2,000	550	350	30	1,200	5,200	9,330	294.79	9,40
8	2,000	2,000	390	30	1,200	5,200	10,820	295.14	10,80
10	2,000	2,200	310	30	1,200	5,400	11,140	295.31	11,20
12	1,900	2,200	800	30	1,200	5,000	11,130	295.29	11,20
14	1,800	1,900	760	40	1,200	5,400	11,100	295.31	11,30
16	1,700	1,600	700	40	1,200	5,400	10,640	295.17	10,90
18	1,600	1,300	700	40	1,200	5,300	10,140	295.04	10,30
20	1,500	1,300	700	40	1,300	5,100	9,940	295.04	10,30
22	1,400	1,200	700	30	1,300	5,200	9,830	295.02	10,20
24	1,300	1,100	650	30	1,300	5,100	9,480	294.97	10,00
11- 4	1,200	1,000	480	30	1,300	3,500	7,510	294.33	7,80
8	1,100	800	430	30	1,300	3,000	6,660	294.08	6,80
12	1,000	600	400	30	1,300	2,500	5,830	293.74	5,80
16	900	500	400	30	1,400	2,400	5,630	293.68	5,70
20	800	400	300	30	1,400	2,000	4,930	293.24	4,50
24	700	400	260	30	1,400	1,100	3,890	292.83	3,60
12- 4	600	300	230	30	1,500	800	3,460	292.66	3,20
8	500	220	210	30	1,500	600	3,060	292.38	2,80
12	400	210	200	170	1,500	600	3,080	292.40	2,80
16	300	120	160	300	1,500	500	2,880	292.30	2,60
26	200	1,000	140	200	1,400	100	3,040	292.34	2,70
24	200	1,000	140	200	1,400	100	0,040	292.44	2,90

附註：時間以陝州爲根據表中日期乃指陝州黃河於是時得到各地洪流流至該地之流量之時[illegible]

秒立方公尺。最高含沙重量，可至百分之三十八。此後將於其間，添設一站，並於重要支流，添站以研究沙之所自來。

潼關以下，兩岸不乏含沙甚多之溪流入黃。沁與洛含沙頗少，洪漲之時間，增至百分之七或八。平時恒不及百分之一。

綜合含沙記載觀之，洪水期中，潼關以下，以次減輕，頗形顯著。惟二十三年陝州記載，有重於潼關者數日，是否由陝潼間溪流傾入。抑係記載錯誤，頗難斷定。但是年七八月中，該處降雨甚多，（視等雨線圖）或爲其差異之因，亦未可知。平漢橋東以迄濼口，流量含沙，亦以次遞減。再東含沙量有時顯形增高，但僅憑一歲記載，難下肯斷之詞。姑舉於是，容後日詳行研究可也。

七、洪漲時間河槽之冲刷及淤澱

二十二年洪漲期間，河槽之變動甚多。龍門河底，據稱刷深三四公尺。潼關刷深約二公尺。平漢路橋下之刷深，約與相等。該處洪漲之前低水位，約與旋紋椿頂等高。漲後低水，低於椿頂約六公尺。比較二十二年本會實測及民國十八年華北水利會實測鐵路附近斷面刷深情形，亦甚顯然。惟潼關以上之平民及蘭封與石頭莊間，河槽反淤澱甚多。後者或因漫決所致。二十三年八月以後，全河河底逐漸淤澱，頗有恢復二十二年洪漲以前原狀之勢。龍門已淤三公尺，潼關淤高一公尺餘，陝州無甚變動，秦廠淤高約一公尺，高村陶城埠間所淤尚微，濼口則自民國八年以來淤增約一公尺。由東河務局職員云：濼口以下河床，自經二十二年冲刷，排水稱暢，爲向所罕觀。

關於黃河含沙，及行水情形，所應研究之點甚多。過去考察所得，僅屬一斑，非爲全豹。然其重要之性，對於研究黃河，已導其源，循此益進探求，當得疏治之道。現今吾人所能言者，僅爲黃河一部分水理，可當研究南針，據以遽定如何云云，有似武斷，無價值可言。勉力探求，數年之後，當必益有所得，可以貢獻國人之前也。

八、黃河創造冲積平原之速率

以地質學之眼光觀之；黃河河床之變遷，異常迅速；足使沿河人民，不遑寧處，對於一般居住問題，日趨簡陋；土版茅茨，苟蔽風雨，不求安適。實因每遭淹沒，泥沙輒高積棟宇，必須平基再造，或遷地重建，故不容計及堅久。至研究黃河冲積平原之速率，則頗饒興趣。下列平漢橋下平均流量含沙，亦頗近似。

月份	平均流量（以秒立方公尺計）	平均含沙（以流量之重百分計算）
一月	300	0.4
二月	500	0.6
三月	700	0.8
四月	700	1.0
五月	600	1.5
六月	800	1.5
七月	2,000	3.0
八月	3,500	5.0
九月	2,500	3.0
十月	1,500	2.0

十一月	1,000	1.5
十二月	600	1.0

通盤計算；每年平均流量爲一・二一〇秒立方公尺，含沙爲流量百分之三・三，即每秒輸沙量爲二五立方公尺，日計二・一六兆立方公尺，年計九四六兆立方公尺。試觀平漢路橋以東，及泰岱南北之廣漠平原，莫非黃河所創造；計其積沙至海平面下十公尺止，將爲七，〇〇〇，〇〇〇兆立方公尺。若過去之流量含沙，較今日無甚軒輊，則造此廣漠平原，歷時七千四百年之久，即在神禹治水三千六百年前，海岸線或猶在平漢線左近。爾時泰岱諸山，不過爲海上之羣島耳。顧有足使上項計算不能精確之二因：一、過去流量含沙不同於今；二、當地殼之緲陷，積沙愈深，下降愈烈，吾人今日可証者，但見其海岸線向前推進之速。彼地殼之下陷，必自他部地殼絕無變動之處，精測精密水準，或比較多年後之平均海面亦可証實之。長時期之海岸線測量，或亦可爲測驗之用。

計算濼口每年平均流量爲一二〇〇秒立方公尺，含沙量爲百分之一・五；以是知今之黃河自上游山谷挾帶之泥沙，半澱平漢路橋與運河之間；半入東海。

黃河冲積平原之速率，亦可於自沁河口下至蘭封一段堤行河道之淤澱証之：此段河道，行水迄今殆六百七十年。兩堤之間，河床面積一一二〇平方公里。堤內堤外，高低相差平均六公尺。計算淤沙約六七二〇兆立方公尺，平均每年約澱十兆立方公尺。約超黃河每年東輸百分之一之量。河床之淤增，每年似爲一公分。

淤澱進展之速率，頗受決口之影響。每一決口發生，口門上游已淤之沙，必恒遭嚴重之冲刷，下輸被淹區域。銅瓦廂決口之上，昔年兩岸常遭淹沒之老灘，猶高出二十二年最高洪水位兩公尺。足証決口後河床冲刷之深。現雖逐漸淤澱，猶未恢復原狀，倘無決口發生，淤澱之速，當不止年增一公分也。

當二十二年，非常洪水之時，平漢橋上游河床之冲刷亦頗甚。惟開封附近反多淤澱之處。蘭封以下淤澱尤多。本會水文觀測，亦頗能証明龍門潼關河床漸淤，有恢復洪水前舊狀之傾向。彼龍門以下河床之寬，僅六〇〇公尺，兩岸壁削，二十二年刷深雖及四五公尺，最近數月之間，已淤澱不少。故知流量含沙及河床之縱坡，在在均與河床之高度有關，不僅河寬而已。專事增培堤身，是否足以長保輸沙入海，維持河防於不敗，實爲疑問矣。

嚴密之水文測驗，暨水工試驗以研究泥沙沿河沉淤之狀，與夫何以不能長維洪水冲刷後深廣河身之原因，實爲當務之急。而研究河床之變遷，是否由上游展向下游，抑由下游向上退收。變遷之機，是否受新生灣曲或裁灣取直所操縱，亦屬重要。所惜本會目今經濟情形，尚不能負此重責耳。

九、水文研究之估計

黃河水文之研究，惟濼口與陝州兩站具有稍久之記載。以如此不規則之河道，僅恃兩站以研究之，是猶操豚蹄而祝滿篝，何濟於事。即就兩站記載觀之。在同一水位，陝州昔年之流量，僅及民二十後百之六十。斷面雖有變化，而傾向淤增，流量理應減縮。前後記載適得其反，已屬不類。民八南運河工程局，於姜溝測量最大流量爲六七〇〇秒立方公尺，同時順直水利委員會，所測濼口最大流量，不過爲四五〇〇秒立方公尺。兩站間距僅一百公里，並無決溢於其間，而流量相差至二二〇〇秒立方公尺之多，尤爲不倫。爲解釋兩站前後矛盾，並透徹研究水文，俾他日計畫，有所根據起見；謹擬黃河水文觀測估計表於次；不有此觀測，則黃河之眞相，終爲世界神秘之一頁，求施合理治導工作，蓋不可能矣。

黃河水文觀測估計表

站名	河系	每月估需經費		合計	附註
		水文站	水標站		
利津	黃河	330	50	380	水位站每標估25元
濼口	黃河	330	50	380	
陶城埠	黃河	350	75	425	
汶河	汶河	250		250	
高村	黃河	350	75	425	
棗廠	黃河	330	100(汽船)	430	
沁河		兩站各 750		500	
南洛河	洛河	250	50	300	
陝州	黃河	330	50	380	
潼關	黃河	330	50	380	
華州	渭河	250	25	275	

咸陽	渭河	330	50	380	
太寅	渭河	300		300	
龍門	黃河	350	125(汽船)	475	
汾河	汾河	150		150	
吳堡	黃河	350		350	
綏德	無定河	250		250	
川河	川河	250		250	
延川	清澗河	250		250	
延長	延水	250		250	
民生渠	黃河	350		350	
金積	黃河	350		350	
蘭州	黃河	350		350	
開封辦公室				1500	
川旅				500	
儀器維持費				200	
雨量站				200	
巡察雨量站				300	
				共計　10,530元	(每月)

第三節　水文測量之進行

一、水文站

二十二年十一月，本會開始水文工作。設站於渭河之咸陽，黃河之潼關，陝川，秦廠及灤口等處。

二十三年春復於渭河之太寅，（距咸陽之上二百公里，）黃河之龍門，（距潼關之上三十公里）綏遠民生渠之口，（距包頭鎮十五公里），河北省之高村；山東省黃運兩河相交處之陶城埠；及黃河口附近之利津等處，各設一站。伏汛期內，並於南洛河口亦成一站焉。

是年秋會力籌賡續設站於甘肅省之蘭州，嗣以職員不敷支配，暫告中止；僅託蘭州甘肅省立氣象測候所權將水位觀測，不使間斷。仍擬於來年春設法恢復原狀。

沿河各站之分布大致已備。其中陝州潼關兩站，相距僅八十公里，似嫌過近。惟此段河流甚難施測，實有兩站互相印証之必要。其所觀測之流量，可作以上黃河總流量之索引。

綏遠、龍門兩站所處地勢甚佳，由兩站所測流量之差數，即得其間秦晉沿河各地之坡水量。此間各地與渭河流域實為黃河問題關鍵之所在。

龍門與民生渠間黃河上尚應添設一站，又其間各重要支流上，亦應加添數站。但以限於經濟，尚難如願以償。現以龍門站反求各處結果，而各支流之獨立研究，亦屬切要。其各水文站之推廣，實有待於將來。

秦廠站適居平漢路鐵橋之上，黃河堤防發軔於此，位置極爲重要。自此以下直至魯省泰岱山區，無一支流來注，河水之消耗，爲蒸發，滲透，及潰決。而兩堤間隔遙遠，河床具有蓄洪功能，足以平緩洪峯。此數因者，與黃河之治導計畫，極有關係，自應加意研究之。

河北高村站適居黃河險要段之下端，近年來此段已屢告潰決，設一旦潰決於該站之上，其所有流量，僅爲本槽之流，而由決口流過者，亦可間接知之。該站上下各段之行水消耗當可由其所測之結果與其上下各站所測之結果，相比較而得之也。

陶城埠站位於黃運之北岸交接點以上二公里之處，（其南岸交接點位於北岸交接點以上十公里）適居南堤與山地連接之終點，而爲山洪注河之所由始也。

二十二年與次年夏季，河決北內堤，阻於金堤，仍歸於河，其入河處適當陶城埠站之上。該站所觀測之黃河流量，乃洪水竄入內堤與金堤間，稍假停蓄，得以平緩後之流量者。二十二年此兩堤間淹沒面積，爲四千方公里。

濼口站位於津浦路黃河橋附近，前順直水利委員會自民國七年即設水文站於此，嗣由華北水利委員會接辦，直至廿二年始由本會接收辦理。測流地點，在橋上游，或其下游，未能固定。但相距亦不過一公里。若欲研究其水位記載，應依比降，酌予修正，庶無論橋之上游或下游可化成一處。

本會已將該測站移設於橋之上水，約七百公尺處。該站所有記載，爲山東諸山支流注河後之總流量。自此以下無支流來注。而河之左右設有堤防，以迄於河口以上約四十公里處終焉。

利津站位於利津附近，距河口約八十五公里。參照山東河務局黃河縱斷面圖，利津低水位，應在平均海面以上十公尺。但當低水時期，此處之海潮，約爲五公寸，其流量每秒當亦不過千立方公尺。甚至當低水時期，常不感覺有海潮影響，而太陰之圓缺，似與海潮無甚關係者。然風向，以及河底泥沙之推動情況，或與海潮稍有關係，及至利津，亦自不見。

近因限於經費與員額，已將利津水文站範圍縮小，僅以記載水位而已。惟該站甚屬重要，仍宜早日恢復舊觀。

二、水位站

除水文站外，河南已設水位站多處。如豫省之孟津，滎縣，洛河口；開封之黑崗口，蘭封下東壩頭等處皆是。

上列諸站爲數太少，不足以研究河水之比降。惟爲經濟所限，不得增加。要其記載河水升降，得與附近水文站所測水位及流量比較，亦足爲推斷河床增高之一法。而探求河床之遞變，實爲水文工作之最要職務。爲決定河床及比降之變化起見，皆有加添水位站之必要。

三、水文站工作之進行

前於本會之黃河水文記錄，甚屬稀少，故對於黃河之水文知識吾人所獲亦鮮。民國二十年以前，只有前順直水利委員會及現在之華北水利委員會，爲力求黃河水文記錄之唯一機關。其自民國七年來在陝州及濼口所測水文記錄，尙有相當價值。以黃河入於堤防段言之，就中又以陝州水文記錄尤予吾人以黃河之深切觀念。不幸陝州記錄多屬水位觀測，而夜間水位記載則付缺如。及水標站有所摧毀，洪水期間記載亦不完全。民國七、八、九、十、十七、十八、二十、二十一、二十二、等年間，各有不完全之流量記載。民國十一至十六年之間，僅有水位記載。民國十九年後河南河務局接收陝州水文站，嗣由本會於二十二年十一月接收之。

本會對於水文工作一本下列三種條件進行，以求優良記載。

(一)凡於黃河有關聯處設立水文站。

(二)水文記載必始終連貫。

(三)記載力求正確。

前二者較易作到，但其正確之結果，恐決非各站所易爲力者也。蓋黃河水流特急，河中現有船隻既不適用，而當地船夫又不善於駕駛，且河中冒險亦非其所欲。每用流速計施測時，必須以多數人力，曳船上行至遠處，再放其下行，並同時向河中移動，及目的點，落錨泊船。每易一測點，必須重演此動作一次。且當洪流每秒達三千至四千立方公尺時，船夫即雅不願工作。黃河之不易于作水文觀測有如是者。

重要測站如秦廠及龍門等處，應備有特造之小汽船，吃水深約六公寸，速度約每小時十海里者，俾當洪水時間，大溜每秒可行四至四公尺半時，而能溯流上駛。船上並應裝設散熱機器，蓋如照普通吸用河水辦法，逢河水大泥垢時，水管則必爲其閉塞也。此種特式之船，宜先造一艘，實地試用，從而考察其應行改良之點，再行加造，使敷應用。准此乃為測求洪水記載之適用方法。若仍照現在之設備，當洪水期間，作水文記載，躬親其事者，輒感求測約畧之數目，亦頗難能。

現在水文人員，當最大洪水期間，欲求流速，不得不賴諸浮標。並取八九月間先後所測兩斷面，修改而用之。黃河之斷面變化最速，當水面流速觀察完妥之際，幾經洪浪，或冲或淤，而斷面可達百分之二十至二十五之錯誤。因洪浪挾泥沙俱下，其結果或冲或淤，非當時加以測驗，不可斷定。是于洪水期間欲求得可靠之水文記載，現時所用之機械已失其效用，而以上游各站尤甚，非裝置完善之小汽船莫辦也。擬俟欵項籌就，即予設施。

水文站野外工作如左：

(一)水位記載：低水期間只須日間記錄，但自六月半至十月底適際洪水時期，晝夜皆須記錄，不許間斷。一旦水標傾毀，須用他法，以記水位之變化。已規定辦法分發水文人員照行。

(二)測斷面：斷面與流量通常同時施測，若用浮標施測時，斷面可另測之。

(三)通常採用流速計以測流量，每月間此項施測。為八次或十次，若流速計不能應用時，則採用浮標以測水面流速。

採用流速計時，豎向流速，亦以時測之。通常流速計之測點為水深之〇·二及〇·八。凡平均流速，水面流速，水深之〇·六處流速，以及水深之〇·二與〇·八兩處之平均流速之關係，已有數站求妥，此後將多求之。

(四)泥沙量：每日測一次或二次。分斷面為三部，各取水面半深，及近河底三處沙樣。

（五）比降之測定：於標準及上下斷面設水標以得之。

（六）春秋之際，洪水時期前後，一切橫斷面重行施測，並於各站上下游十及二十公里，加添橫斷面四處，亦同時重行施測，此等斷面，蓋專爲搜求河床之變化也。

（七）雨量，溫度，風向，風力，及蒸發量等各種氣象記載：各站大概具有蒸發皿，但有數站因環境非宜，遂致其所得之蒸發量，亦容有不可靠處，

觀測人員將每週記載送會校核，並排列成圖。

沿黃河各站除蘭州站外，無處可求其水位與流量間無一定之關係。因河床時時變化，水文記載亦必須時時施測，所費不貲。已往黃河水文研究之無多，此其一因也。

黃河首尾全體之水勢情形，若欲探訪詳確，財力之消費，自所不免。而河防亦不僅限於設隄段之防洪，應充其河防之涵義，儘量籌謀沿河治導工程之實施，要須以水文爲設計之依據，烏可不急起圖之。美國境內各河，凡關水力發展之設施，若無八年以上之連貫水文記載，即以違法論；工程家尚以爲時間太促。蓋水文記載年限不久之河流，水利建設工程常遭破敗，人民生命財產亦同受莫大損失，此法之所由立也。

四、二十三年水文記載

本會因職員缺乏，只能將已採輯之水文記載整理之。現已繪畢綏遠，龍門，咸陽，潼關，陝州，秦廠，高村，濼口等站之水位曲線，流量曲線，及含沙量曲線，與黃河一年間之比較斷面等。至

洪水期內之黃河斷面，以上述原因，未能繪出。

黃河河床變化之劇烈，世界各河罕與倫比。在同一水位而其流量之變化常超過百分之百，一覽流量比率曲線，當知其然。諸點之散亂，並非由于觀測有何錯誤。因其含泥量，今日爲百分之一，明日可達百分之二十，又或降至百分之十。其流量由每秒一千立方公尺，數小時內可增至五千立方公尺。蓋河床爲冲積土質，實不能望其保守常態也。

流量每測一次，需時甚長，又洪水期間流量不能每日施測。其每日流量，暨河水漲落甚急之際，每小時之流量，究有何法可以得之？現所行者，係將一切流量數目，繪於對數格子紙，可使各點位置湊近一直線，酌繪一平均流量比率曲線，則此線將成一直線；其他任一平行線，則將代表河床變化情形中之流量曲線。例如某日測得在某水位之流量，異於平均線上相當水位之流量，經所測之一點，引一線平行於平均曲線，則得該日之流量比率曲線。設三日間未測流量，屆第四日施測之，則欲求其中間各日之流量曲線時，可於其後兩次施測之點間，引一直線，將此線分作四等分，等於間隔之日數；每等分點作一線，與平均曲線平行，則得各該日之流量比率曲線矣。其他以此類推。以求各日間變化不定水位之相當流量。惟有用此法以求之。此種作法甚慢，但黃河漲落既速且大，每日或半日之平均水位，亦致流量記載發生大錯誤。以其漲落無常，若自一晝夜之水位而平均之，欲以此平均數而求同時間之平均流量，乃不可能，蓋以水位與流量間之關係不成一直線也。

五、含沙量

含沙樣日採取一次，于含沙重時，則日採取兩次。所患者以前記載，則每隔數日採取一次，偶見含沙記載有百分之二十五，因其他大河無含此重大沙量者，輒認爲不可能，經多次測驗，此項重大沙量，已認爲華北各河所有之特徵。且黃河含沙量增加至百分之四十，亦似可能，其支流若涇渭所含沙量之重，常有至百分之五十者。二十二年八月九日，在陝州所測含沙量，爲重量之百分三九·一六；八月十三日洪水已過，所測驗者爲百分之二〇·九〇，此數尚非最大含沙量也。

河水含沙超過千分之一(百萬份之一千)者，以沙重與其所取樣中水重之關係表明之；當含沙量增高時，則以含沙乾後之重量，與淨水之重量作比計算之，較爲便利。

華北諸河挾沙甚重，其含沙分量之計算，則取其含沙乾後之重量，與所採樣全體重量之比，或$\frac{\text{含沙乾後之重}\times 100}{\text{含沙與水之重}}\%$。若用含沙乾後之重與含沙樣水之重作比，含沙分量有時超過百分之百，即將含沙乾後之重包括分母內。黃河含沙分量，亦常高至百分之四十，若上述之涇渭各支流所含者，甚至百分五十之高。

在此情形之下，含沙量比之誤會，亟須免除，各站應採用畫一算法。曾有數站中發見此項誤會，業已改正。現在所設各站，統採用同法，即以含沙乾後之重量，與所採全樣(沙與水)重量之比，以算含沙分量，此法易於測驗，且泥沙與總流量之比，亦易計算。

河之輸沙量，及其算法，亦應注意。有用噸以算其重量者，有用立方呎及公方以算其體積者，兩者固可換算也。此等輸沙量記錄之用途，爲估計決堤之後，氾濫區域之淤積量，或沉落河口外之海洋及蓄水庫中之沉澱等，則計算輸沙量，應以容積爲主要。故以每秒若干公方用爲其輸沙量之單

設有流量，含有不等之沙量，沙之體積與其百分比間，並無一定之關係，欲求其轉換因數，殆不可能。

黃河泥沙之研究

以曲線表示沙粒粗細之成分

二十三年八月十一日黑崗口所取沙樣

流量＝13,000 立方公尺/秒

含沙量＝15%（沙量與水量之百分比）

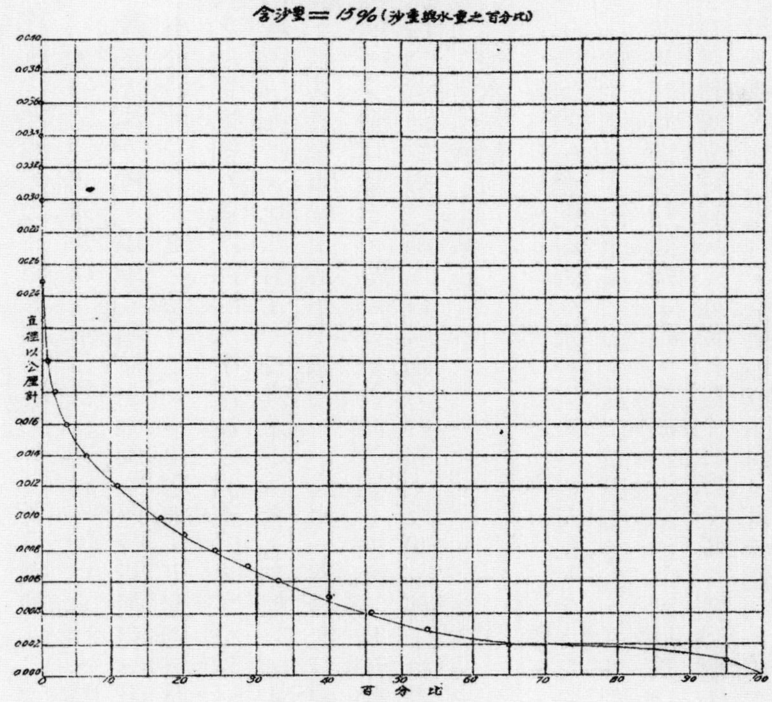

沙之重量與其體積間之關係，亦自非一定，但可依沉澱之狀態，及其性質與沉澱後所含之水分而求之。

冲積黃土與第三紀紅土靜澱曬乾後，其重量與體積間之關係，變化範圍甚小。在原野一二英尺下，挖出此種土質一公方聽其自乾，其重量爲一・五〇〇至一・八〇〇公斤，以平均每公方一・七〇〇公斤，及平均比重數二・六五，以之爲含沙量輸沙量間換算之根據，茲繪就一圖，以表示一已知泥沙之體積與流量及輸沙量之關係。

黃河水流所含之沙，比其他華北各河流所含者爲纖細。二十三年八月十一日黃河盛漲期間（流量每秒爲一三·〇〇〇立方公尺）本會曾在開封柳園口水面，採取一沙樣，適當挑水壩間水勢盤旋甚緊之處，送至天津分析，以求其顆粒之細度。照分析所得，其顆粒直徑無大於〇·〇四公厘者，且其顆粒多小於〇·〇二公厘。易言之，其顆之細，可漏過每吋二百餘之篩，比之天津海河支流之永定河所挾之沙爲尤細。蓋該河洪水中沙粒之大至〇·三公厘，有時尚不止此數也。

黃河河底所挾泥沙，比八月十一日洪水中所含者稍粗，因本會缺乏實驗器具，未能將河底之泥，加以分析。但其最粗顆粒，當亦不過〇·一公厘。泥樣之近河底者已加採取，備爲將來分析之用。現正籌備設一完全實驗室，專爲分析黃河黃壤，泥沙，及沙礫物質，黃河全體以及其各支流皆包括在內。泥沙爲黃河致病之源，自應竭力研究，以期有裨于根本治導工作。

六、洪水警信

二十三年沿河數站發電報告洪水警信，是爲黃河歷史上之創舉，流量及水位每日一次或數次，由陝州站直接電達開封，河北壩頭鎮，及山東濟南等處。此外沿渭及綏遠各站，於河水急漲時，亦發電報告。惟龍門站則因無直接電線，須賴隣近軍用電話局爲之轉遞，作輟不時，未見成功。現擬要求交通部在河津設立電報局，顧尚相距十二三公里，須以縣有電話傳達電報局，似亦輾轉需時，如能在龍門設置手搖無線電台，直接拍電開封，自較便利。蓋二十三年夏已感覺龍門爲洪水警信要站。若能電告洪水，十二小時前即可預知。至能否在黃河流域分布若干地方，拍發雨量電報，尚須加以攷慮，如非有多數地方舉辦，誠恐發生錯誤。設本會得管理一上等氣象電報收納站，置一二工程師，急將日入記載繪就，立即報告，其結果亦有裨益。

現本會在平漢路橋秦廠水文站置一無線電發送站，在開封亦置一無線電站，以轉遞秦廠之報告於下游，此種無線電能發送消息至二百五十公里處，實亦交通之利器。

七、雨量站

在黃河流域，本會所能按時徵集雨量記載，約一百七十處，合之華北水利委員會抄送雨量記載，約達二百五十處。近二年來陝豫冀魯省各縣始記載雨量。此項工作，因應本會之商請，而益見增加，尤以甘肅綏遠爲著。而于晉省只得少數雨量記載，且多經華北水利委員會得自正太鐵路，或得自山西水利工程局者。

所採用之雨量計，多數爲仿照美國氣象局所用八吋式。小筒中所積雨量，十倍於實際雨量之深，均係當地仿製。其由本會所發給者，於未發前已在會內先行量定之。並對于各站時加校正，務使所有雨量記載正確而後已。現更希望山西省通力合作，分令各縣普設雨量站，並擬於陝西甯夏青海等省添加數站。顧此亦非易事，因本會派人深入黃河流域內地，視察及查核雨量之記載，所費良多。今夏本會曾派人赴陝北視察，以地方不靖，頗感困難。然亦卒于最需要處設立數站，並查核一過。此後擬將全域劃分若干部，按期視察。凡舊時雨量計，均應一律改爲標準式者。

關於洪水期七八九月之等雨量曲線，業已繪出，此項工作，尙不足以研究各次降雨，與其坡水關係。第繪製黃河全流域之等雨量曲線者，此或爲第一次。曲線所表現之特徵，與世界其他各地恰同。霪雨常集中於較小諸區域，其所以如此分布者，理由何在，實難明晰。八月間有兩重心，分在陝晉黃河左右，頗足注意，並顯然表明綏遠水文站及龍門間之黃河流域，能受重大雨量。且同一降雨時間，幾無一處可免。

甘肅南部渭河上游隴西縣，八月份雨量報告爲一、三四七公厘，而洮河流域迤南七五公里之岷縣，所報告者僅爲一七公厘。由此觀之，恐隴西縣所報告者，或不無錯誤。然渭河上游其他雨量站若天水及甘谷所報告者，均約六〇〇公厘，此又足証實彼處曾降大雨；而同時渭河反未重演如昔年之洪患，不能不引爲驚疑者。蓋彼處記載，終不能無疑惑之處。

二十三年八月八日至十二日所有洪水，似受龍門以上諸地降雨之影響，彼處雨量站甚少，而山西境尤屬缺如，匯成重大洪水之來源不可斷也。以少數之雨量站，作洪水之研究，愈見效用甚小。上游諸處至一、〇〇〇方公里，應有雨量站一處。現本會所能徵集之雨量記載，不過二五〇站，只合每三、〇〇〇方公里而有一處也。

八、黃河已往之水文記載

本會成立以前，各方之水文記載亦已測驗不少，下表水位流量含沙等記載，俱由各方搜集得之。然亦容有遺珠之憾，例如運河工程局民國八年九年之資料，仍付闕如也。

已往水文記載一覽表

地名	年份	記載類別	原測機關
陝西	民八至二十二	水位	華北水利委員會
灤口	民七至二十二	,,	,,
開封	民十七至十八	,,	,,
潼關	民十八,十九,二十二	,,	,,
姚期營	民十八至十九	,,	,,
鞏縣	民十八	,,	,,
壽張	民十八至十九	,,	,,
蘭封	民十八至十九	,,	,,
濮陽	民十八至十九	,,	河北河務局
陝州	民二十至二十一	,,	河南河務局

陝州	民二十至二十二	流量	,,
陝州	二十年十月至二十一年十二月 二十二年三月至二十二年八月	,,	,,
陝州	民八至十九	最高及最低水位	華北水利委員會
灤口	民八至十九	,,	,,
潼關	民八至十九	,,	,,
鞏縣	民十八至十九	,,	,,
姚期營	,,	,,	,,
開封	,,	,,	,,
蘭封	,,	,,	,,
壽張	,,	,,	,,
濮州	,,	,,	,,

濮陽	民十九	,,	,,
張家山	民二十二年七月至九月 民二十三年一月至十月	水位,含沙量,流量	涇惠渠工程處
陝州	民八至十，民十七至十八；民二十至二十二	流量	華北水利委員會及河南河務局
灤口	民八至十，民十八	流量	華北水利委員會
薩拉齊	民二十二年五月至十月	水位及流量	華洋義賑會
薩拉齊	民十九至二十一	含沙量，排沙量及流量	,,
咸陽	民二十二年七月至八月	水位	陝西水利局
洑頭	民二十二年三月至九月	水位,含沙量,流量	陝西引洛工程局
太原	民二十二	,,	汾河水利局報告

黃河最低水位及最大最小流量表

年份	陝州水文站				灤口水文站			
	最高洪水位	流量	最低水位	流量	最高洪水位	流量	最低水位	流量
8	七月八日下午六時 296,00	8,000(平均)（13,000）※	十二月一日 289,06	250	八月二日至三日 28,71	4,500	五月三日 23,44	200
9	十月五日上午六時 294,05	4,500(平均)（7,000）※	十二月二十三日 289,05	250	九月二十五日至十月九日十日 27,94	3,400	一月十九日 23,96	175
10	七月十三日下午六時至六時半 294,95	6,000(平均)（10,000）	一月八日 289,27	300	八月八日下午四時 29,38	8,100	一月七日 23,94	125
11	七月二十五日下午五時 294,04	（7,000）	十二月六日 289,25	（220）	七月二十七日下午六時 27,81	（3,300）	一月廿二日 23,57	（100）
12	八月四日上午八時 295,18	（10,500）	十二月七日 289,29	（225）	八月十四日下午五時 28,49	（4,200）	十二月二十九日 24,03	（150）
13	八月四日上午六時 292,72	（4,300）※	一月一日 289,29	（225）	九月廿五日下午四時 27,78	（3,300）	一月二十三日 23,71	（100）
14	八月十一日上午八時 296,02	（13,000）	十二月十八日 289,15	（200）	七月十日 28,50	（4,200）	五月十日，十二月十二日十三日 23,92	（200）
15	八月十日上午六時 294,25	7,200※	十二月十七日 289,02	（200）	八月十三日下午一時 24,47	（4,200）	五月二日 23,86	（100）
16	八月二日下午四時 293,54	（6,000）	一月二日 288,99	（200）	四月十七日下午四時 28,28	（4,000）	十二月二十二日上午六時 24,72	（400）

17	七月十八日下午三時 293,45	(4,500)	十二月十二日 288,88	(180)	八月七日正午 28,05	(3,800)	六月二十日十二月二十三日 24,69	(400)
18	八月六日下午三時 295,34	(11,300)	十二月十二日 289,25	(220)	八月十日下午八時 28,54	(4,500)	十二月廿日卅一日 23,70	(100)
19	每日平均 293,04	(5,000)※	二月十四日 289,00	(180)	——	——	24.57	(190)
20	——	——	十二月二十八日 289,24	160	八月二十日上午八時 28,83	6,100	一月八日至一月三十一日 24,13	(160)
21	八月十二日上午六時 295,00 294,80	10,500	十二月十二日 288,91	180	八月五日上午六時 28,20	4,600	一月十八日上午八時 24,27	(180)
22	八月十日上午一時 298,23	23,000	一月十三日 289,04	200	八月二十六日 29,40	9,000	十二月三十一日 24,79	200
23	八月十日下午一時 295,36	11,300	一月十日下午六時 288,97	180	九月七日 28,82	5,600	一月十三日下午六時 24,80	210

陝州括弧內流量數字係根據二十一年二十二年二十三年平均比率曲線推得

※或非最大

平均係根據每日平均水位

灤口括弧內流量數字係根據八年至十年流量比率曲線求得

附註：上表係據本會測繪組主任工程師安立森研究結果而製。

第四章　黃河治本之討探

欲談治河，必先決定治河之目的何在。目的既定，然後可以對目的而下功夫。試問吾人對於黃河之目的何在？以前之治河目的，可謂完全在防止洪水之患而已。此後之目的當然仍以防洪爲第一，整理航道爲第二，至於其他諸事如引水灌溉，放淤，水電等事，只可作旁枝之事，可爲者爲之，不能列爲治河之主要目的也。試先言防洪，中國河工千餘年來之歷史，惟有防洪一事，當然可寶貴之經驗不在少數，設無其他企求目的，而現在所用之河防方法似可認爲滿意，則根本可以墨守成法，不必多事更張。無如現在之河防情形，實難滿意，其事實如下：

(一)每年河防費豫冀魯三省合計近百萬元，是否有一比較完善辦法，可以減少此項浪費？

(二)河防雖費如許金錢，而每隔一年或二年仍免不出險一次或多次。摧毀人民財產輒在數百萬至數千萬元。

(三)河床歷年加高，隨時便有改道之虞，其禍害更不可勝言。

(四)歷來河防，專重下游。上游中游之河害，如綏遠，如秦晉，亦自不少，無人顧及。

由此觀之，吾人專對河防，亦當改絃更張。

次言整理航道。現在之黃河，僅枝枝節節能通數艘牛皮船及木船而已。以現代之交通眼光視之，直可謂之不通航。故George B. Cressey在其著作China's Geographical Foundations對黃河直以不通航目之。可知現代通航之意義，以能通行汽輪，裝運大批貨物爲前提，黃河在吾國是否有加以整理使能通航之需要？及需要整理至何種程度，是誠值得研究者也。我國古時航道作用，多偏於政治一途，故禹貢謂：浮於濟漯，浮於淮泗，浮於洛，俱達於河。其不能直接與河相通者，亦由濟淮，泗，渭轉達，而俱以黃河爲貢道之集中，可見古時黃河實爲重要之航道。後經漢唐數代，黃河之航運重要仍然不變。宋代建都汴梁，於是漕運重心移諸汴河。元明清建都燕京，漕運重心，又移諸運河。但自海道交通以後，內河航行趨勢，亦隨之大變。國都所在，似無重大關係，而貨物交通之趨向，則視商港之地位如何。黃河航道之所以久爲國人所忽略者，半爲黃河本身治導之難，半爲入海之口不能治爲良港之故。

以黃河本身論，佔流域面積約七五六，〇〇〇方公里，流長四千餘公里，附麗於河者凡九省，居民一萬四千萬，而不得其用以利展交通，殊爲可惜！且西北遼遠之地，政府方事全力開發，則交通爲第一需要。開發之事業，無非在該地振興農業，開採礦產，利用本地物產，製成工藝品，運往沿海口岸以與外貨爭雄，方可得其富用。決非如上海商人希圖減免貨稅以二三成色之所謂國貨行銷於向來質樸自給之內地，爲開發西北也。但農產物，礦產物以至工藝品儘可發展，而無最便利之運輸方法，則決不能行。黃河一道，所過之地，如寧夏，綏遠皆苦積穀太多而不能出，雖有平綏鐵道，不足以調劑。陝甘之藥材，皮毛，骨革，神木之鹼，延長之油，韓城之煤，又均爲黃河沿岸之出品。若更於沿河山坡，遍植林木，則附流而下，材木不可勝用。修一鐵路以溝通此等地域，此時固難辦到，但溝通河道，却屬可能之事。此就開發西北而言，黃河航道有整理之需要。

潼關以下，雖有隴海鐵路，與黃河平行以達蘭封。但蘭封以東，鐵路失其效用。潼關上接渭河，諸多麤重貨物，如棉花，皮骨等類，仍由黃河運至鄭州鐵路爲止，鄭州以下沿河出產之粮食，花生，以及鞏縣之石料仍須黃河轉運。現在雖感貨運疲滯，但如魯省將小淸河口之海港整理完備，又將小淸河與黃河設法聯絡，整個之運河以及衛河之航道皆開通完成，則黃河下游之貨運，必大活動，此可斷言者。是以黃河下游之航道，爲國家經濟計，人民生計計，亦必需整理之。

整理至如何程度，更應予以注意。蓋我國積弱之下，事事輒受制於外人。交通利器，尤其甚焉。揚子江流域不惟外貨充斥，國產衰敗，而且外商輪船，深入內境。又以保護爲名，兵輪輒繼其後。西北以交通不便，幸無此現象。吾人懲前毖後，又何忍令西北再蹈東南喧賓奪主之危境乎。故本會對於黃河航道，擬有如下之主張：

（一）黃河本身海口不設港（工程上亦難實現）

（二）利用小淸河羊角溝爲商港。而於濟南附近使小淸河與黃河相聯絡。最好不用船閘，而設起卸塲塢。

（三）大洋輪船限制於黃台橋以下或黃河起卸塲下。

（四）由利津至鄭州黃河鐵橋以通行拖輪爲度。鐵橋處設火車及民船轉載塲。（由火車卸貨於船）

（五）潼關至鄭州鐵橋，整理河床，令民船易行。不行拖輪，以免與隴海鐵路相妨害。

（六）潼關上至禹門，以能通行拖輪，轉運煤鹽鐵爲度。

（七）由包頭以下至禹門，暫以整理河床，能令民船及木排暢行爲度。

（八）包頭至蘭州以通行拖輪爲度。

其目的有五：

(一)全部航道注重在下行貨物之暢利，上行者稍感不便，以阻洋貨之侵入。

(二)凡有鐵路或其他航道相聯絡之處通行拖輪，以期轉運便利，國貨得以暢銷。

(三)下行之船應除去一切障礙，如淺灘，亂石，陡坡，苛捐，陋規及土匪等。

(四)下行之船到達目的地，即連船帶貨售脫。人由鐵路或公路西返。

(五)沿河培植森林，使黃河爲西北輸出木材之孔道。

黃河航道與他道之聯絡，作簡明圖如下：

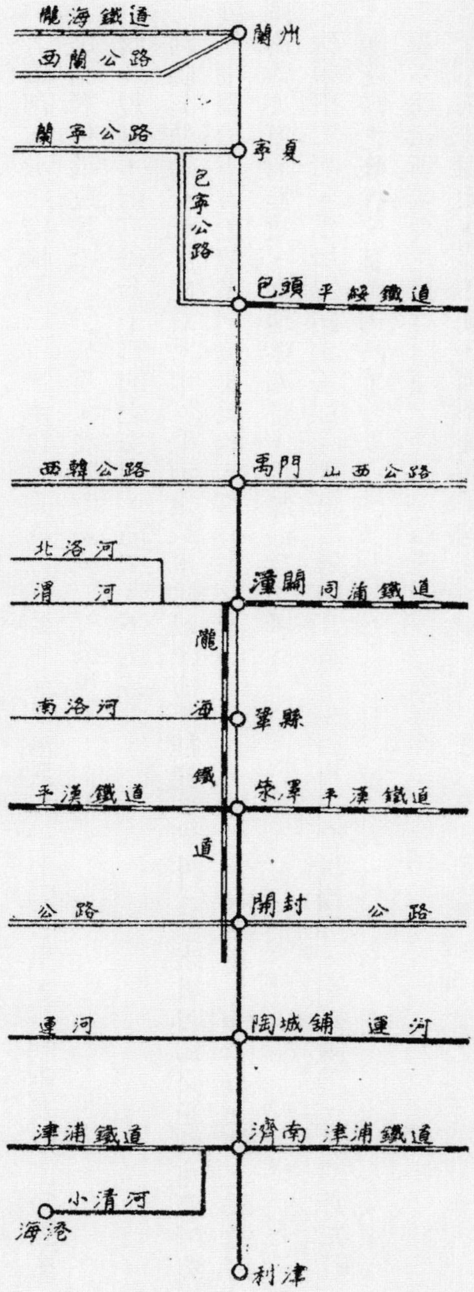

(圖中粗綫爲通輪船者細綫爲通民船者)

計黃河本身通拖輪者三段，蘭包段長九九〇公里，禹潼段長一三〇公里，滎利段長六三〇公里。通民船者包禹段長七〇〇公里，潼滎段長三三五公里。

如此規劃，則可得合乎目的之交通，而工費不至甚大。

河防與航道交通，成爲兩事。全河之長，除最上游不能通航者外，餘者盡可爲交通段。而河防之段，則限於下游孟津至利津，長約八百公里。潼關至河津，歷年累有河患，而未有河防。綏遠河套則河道亦屢有變更，而地曠人稀，更無注意之者。

次須研究者，爲根本防洪工程，與整理航道工程，是否可以合併辦理，一舉兩得。是則必先研究二者所需之條件，是否相同？

根本防洪所需要之條件	航道所需要之條件
（一）河床固定，岸不崩，河不徙	同
（二）河床刷深	足深水槽
（三）洪水量有節制	同
（四）不要歧流氾濫	河槽劃一
（五）河床坡度要有規律	水面坡度要適宜
（六）水勢不可太弱	枯水時不要太淺
（七）行凌要暢利	冰期要縮短
（八）減除泥沙	同

由此觀之，防洪與航道雖屬兩事，而所需要之條件完全相同，毫無衝突。故自孟津至利津一段治河工事，河防航運，可並籌兼顧。不第此段如是，即潼關至禹門一段，亦復若此。河套一段，性質微有不同，當另論之。再按黃河之天然形勢，可分下列各段：

（一）蘭州至青桐峽爲縮狹段

（二）青桐峽至石嘴子爲寬放段

（三）石嘴子至磴口爲縮狹段

（四）磴口至河曲爲寬放段

（五）河曲至龍門爲縮狹段

（六）龍門至潼關爲寬放段

（七）潼關至孟津爲縮狹段

（八）孟津至利津爲提防段

縮狹之段，苦於礁多水急，兼有跌水。寬放之段，苦於河流紛歧散漫，水淺沙多，遷徙靡定。前者只碍航行，後者兼危害居民。隄防段則已有隄防，雖有保障而危險性更大。防河糜欵甚多。三者性質不同，故治導之法不一。

河道各段治導之重要，可以如下判斷：

茲復按各段情形，自海口起，以次向上游，說明應有之治導方法，以供討論。

一、海口段　我國向來論治河者，莫不注重海口問題。以爲尾閭不暢，則全河受病。惟據二十三年本會派員勘查海口之報告，現在利津以下入海之黃河淤道，尙屬通暢。並且河床比降頗陡。出口時門檻沙與其他各河如海河，灌河，臨洪河等相若，自所難免。行舟出入，須待潮而行。門檻沙之與航船有碍，無待贅言。但是否與黃河之排洪有碍？論者不一。方修斯氏則以爲海口工程與治河宏旨無大關繫。安立森氏亦持此議。其意以爲河水至此，便如入海，雖稍淺，然儘可放寬，尙有何不暢之可言？假使吾人廢棄黃河口之海港，而採用小淸河口，則海口段工程，不須多費。

至於小龐莊，石頭莊等處之决口，决不能歸咎於尾閭之不暢。因在此等處决口時，洪水之前波，尙未到達濟南，遑云海口？

海口之情形，可以支配潮溜。而潮溜之出入暢利與否，可以影響潮界以上之河道。假如海潮之溜，進銳出速，則河床帶下之泥沙，自然冲刷亦速。故對於海口仍當着意研究，以何種方法可使潮溜進出得力，可使泥沙隨到隨刷。按現在情形，海口門檻沙上水深不過一公尺，潮水之高亦不過一公尺餘。潮水進口，自不甚爽利。潮界在口門之上僅能達二十餘公里。較小淸河口大沽口皆低，是何原因？尚未能明晰。

魯人以在利津以下接築兩岸河隄。此隄接築至海潮所不能至之處，只須能容納自上而下之洪水，別無其他問題。若繼續築至海潮界內，則隄之距離方式，俱當研究，不可輕率從事。魯人意見，以墾地為主。而本會則以利津以下或可不用築隄方式，而在兩岸多植檉柳或其他土宜植物，使兩岸逐年淤高，較之築隄或更堅實。河隄不到臨海之時，則亦無庸談及海壩。關於此項問題，既非急切，仍須多時研究。

二、河防段　河防段指孟津以下至利津長七百餘公里之黃河一段。南北兩岸，均有隄防。自沁河口下直至於海，其唯一支流，只有自南岸而來汶河一部之水。但黃河水位稍高，仍倒灌入東平一帶。

全段隄工受保護之地可分為若干區如下：

北　岸

溫孟區　孟縣至沁河口河隄迤北之地

原封區　沁河口至大車集河隄迤北之地

長范區　長垣至范縣河隄迤北之地

博利區　博平至利津河隄迤北之地

南　岸

鄭開區　老黃河右隄以西滎澤至蘭封河隄迤南之地至淮河為止

黃河概況及治本探討

鉅野區　老黃河左岸以東運河以西考城至十里舖河堤迤南之地至微山湖爲止

濟南區　濟南附近一小部分

青城區　濟南以東小淸河以北至海口河隄迤南之地

又金隄與山東民埝（耿密城至陶城埠）之間，亦可別自爲一區，即名曰金隄區。

各區保護之面積，頗不易計算。因決口之後，常衝破範圍以外，如鉅野區向南以微山湖爲止境。但灌入運河，運河再決，灌入六塘，則氾濫至黃海爲止。按諸歷史，黃河累次遷徙，氾濫所及之地，計有三十萬餘平方公里。被保護之人口凡八千餘萬。

河隄關繫如此之大，故現時如將防河工程，完全捨棄，另謀其他辦法，自不易易。惟有一面維持河防，一面從有效力之治導方法着手進行。

治河之各種意見，以上已略加評判，不復再述，以下姑就最有研究價値者，從而討論。

一、河床不可不固定，河床固定以後，方可使之刷深。恩格爾斯氏主張固定中水河床，亦惟此義。但洪水在中水河床以外，奔突無定，則仍有危險。恩格爾斯氏云：水中河床固定以後，使河槽永不近隄，則不發生險工。但洪水大溜方向，常常不按中水低水河槽方向。往往河槽方向向東北，大溜方向偏趨向東南。故云中水河床固定以後，則永遠不至發生險工，殆非確論。且黃河決口，平工多於險工。而漫決多於衝決。故即能保無險工，而仍不能保無決口。

但恩格爾斯氏此項主張，亦有足表同情者，因有固定中水河床以後，方能設法控制洪水之流向。不然如野馬無韁，莫如之何，只有斤斤防守而已。

黃河將來之橫斷面，究以單式爲宜，抑以複式爲宜？恩格爾斯氏最近曾有函來，略謂使河槽日刷深而灘日增高，則久而久之，洪水中水，納於一槽，複式橫斷面則將變爲單式，可見單式橫斷面，爲渠所主張。而本會亦同意於此。

上述之理由安在？因所貴乎有複式橫斷面者，只緣洪水流量過大，單式河槽不能容納，使之向外發展。但洪床上之橫斷面，常因過淺，或崎嶇不平之故，失其排瀉能力，不過成爲臨時停蓄之地。尤其黃河，含有多量泥沙，使其力量不能集中，將泥沙借洪水之力輸送入海，殊爲可惜。故本會亦復主張使黃河橫斷逐漸演變爲單式爲優。蓋以既知流水挈沙之詳情，則宜據之以定其適宜之橫斷面。至水位年必一至者處之於本槽，非常洪水數年或十餘年一至者處之於洪槽。即係主張尋常洪水，與中水同屬一槽。非常洪水往往爲人所顧慮不及。若能於上游設攔洪庫，則下游可免非常洪水，則單式之河床橫斷面更爲相宜。

按陝州歷年流量如下表（共有記載十三年）

年	最大流量（每秒立方公尺）	年	最大流量（每秒立方公尺）
民八	六，九〇〇	民十六	※四，二〇〇
九	四，三〇〇	十七	※三，五〇〇
十	五，六〇〇	十八	四，七〇〇

十一	※四，八〇〇	十九	缺
十二	※六，三〇〇	二十	缺
十三	※三，二〇〇	二十一	五，五〇〇
十四	※六，七〇〇	二十二	※※一四，三〇〇
十五	※五，〇〇〇		
附註	※未嘗測流量根據民八民十流量比率曲線推測而得，若用民二十一、二十二、二十三各年曲線，則流量猶不止此。 ※※陝洲所測據第三章之推測不止此數。		

此表中所記流量之頻數率如下：

每秒一萬立方公尺以上者　一次　百分之八
六千立方公尺以上者　四次　百分之三十強
五千立方公尺以上者　七次　百分之六十強
四千立方公尺以上者　十一次　百分之九十弱
三千立方公尺以上者　十三次　百分之百

河槽固須綽乎有容，如用最低之水量規畫河槽，自是錯誤。然最大之洪水流量，超過普通洪水三倍至四倍，事非常有，或者三百年至五百年方遇一次。爲工程經濟計，亦不能依爲根據。再者如用一單式之河槽，容納過大之洪水量，一則事實不易辦到，二則卽使辦到，亦無益而反有害。蓋河槽有如旅舍，常有客人來往，自然修理整齊。若多年無人顧問，則自然荒廢。故本會主張常至之洪水，處之於本槽。此等洪水不至爲下游災害，而有冲刷河槽之功用。但亦不可過於狹小。茲姑定爲每秒六千五百立方公尺。日後仍須研究更正。

以每秒六千五百立方公尺爲準，再按各處洪水面比降及河床糙率而計算標準橫斷式（拋物線式）得標準河幅寬度。則在此寬度之內，須河床刷深，至與標準橫斷面相符爲止。標準寬度以外，須使河灘地逐漸長高。

如用人力浚挖河槽，以完成此項使命，事絕難能。但借河水自然之力，諒非難事。因黃河本來具有如此能力。只須駕馭有法，必可達此目的。試閱（圖一）（圖二）及（圖三）即知河床自治之能力不小。

我國潘季馴氏以隄束水治溜之法，近世同此主張者不少。即在外國如但瑟工科大學教授愛禮司 Eelers 及漢諾佛工科大學教授方修斯 O. Franging 諸氏亦復如此。方修斯氏又擬有治黃計畫，並以模型會作試驗，曾經發表於「水利」雜誌。米細細比於一七一七年，即本以隄束水策略治河。所謂 Confinement Theory 是也。此爲意大利人苦格力米尼 Cuglielmini 所主張。但米細細比河至今猶未得以隄治河之大效，正與黃河從潘季馴，靳輔諸氏以同一方略治河而未能根本治導之功效相同。

本會以爲以隄束水治河理論一部分誠然不謬，惟是對於隄之一物頗難操縱自如。且築隄之時，不能完全按照治河目的規定之隄線。因有許多事實，從而牽制，如築隄之基址，可用與否？村舍城郭之避免等等，是不能不予以顧慮而使隄線有所繞越。

不寧唯是，方修斯氏所擬之內隄外隄辦法，內外二隄之間原以用備放淤。而內隄低薄，方氏以為只要束水，非求保障，故內隄漫决，不必顧慮。則本會深恐河道因此更加紊亂。

最近恩格爾斯氏來函謂使灘地增高，則束水之功，正與隄等，或且過之，何必一定築堤。本會亦深以此語為然。

（圖一）（圖二）及（圖三）又可以証明恩格爾斯氏在奧貝那赫所作黃河試驗之結果，與實際頗相符合，因此三個横斷面俱甚寬泛。但河槽反得刷深許多。恩格爾斯氏試驗之結果，證明寬河床之刷深與狹河槽之刷深為十六與一之比，引以為奇者頗不乏人。大抵狃於向來習用公式，水之押轉力S＝δIH（H為水深，I為水面坡度）之見。以前 F. Kreuter 之理論，謂河床之深度，逾越臨界深度To，則河床之泥沙必被刷動，又有主張河底流速之大小，與泥沙刷動之多少有關。但按 S. Kurzmann 在 Tirol所作Ache 河中之實際測驗，證明以上二說俱不足恃。

本會以為即按以前之理論，水之押轉力，與平均水深及水面比降成正比例。築隄束水，可以加水深，但同時亦減少水面比降。尤甚者下游束水，上游水面必致平緩。其刷深較少於寬河床之故，或即因此。據 A. Schoklitsch 之試驗，水比降I之關係最大。每一公尺寬之河床，其被刷動之泥沙量與水面比降之平方及流量Q超過臨界流量Qo（為恰可以推動河床泥沙質之流量）為正比。其計算每年運輸之泥沙總量之公式為$G = C.I_2 M (Q - Q_0)$，C為係數。由此式可知恩格爾斯氏試驗結果，有至理存焉。

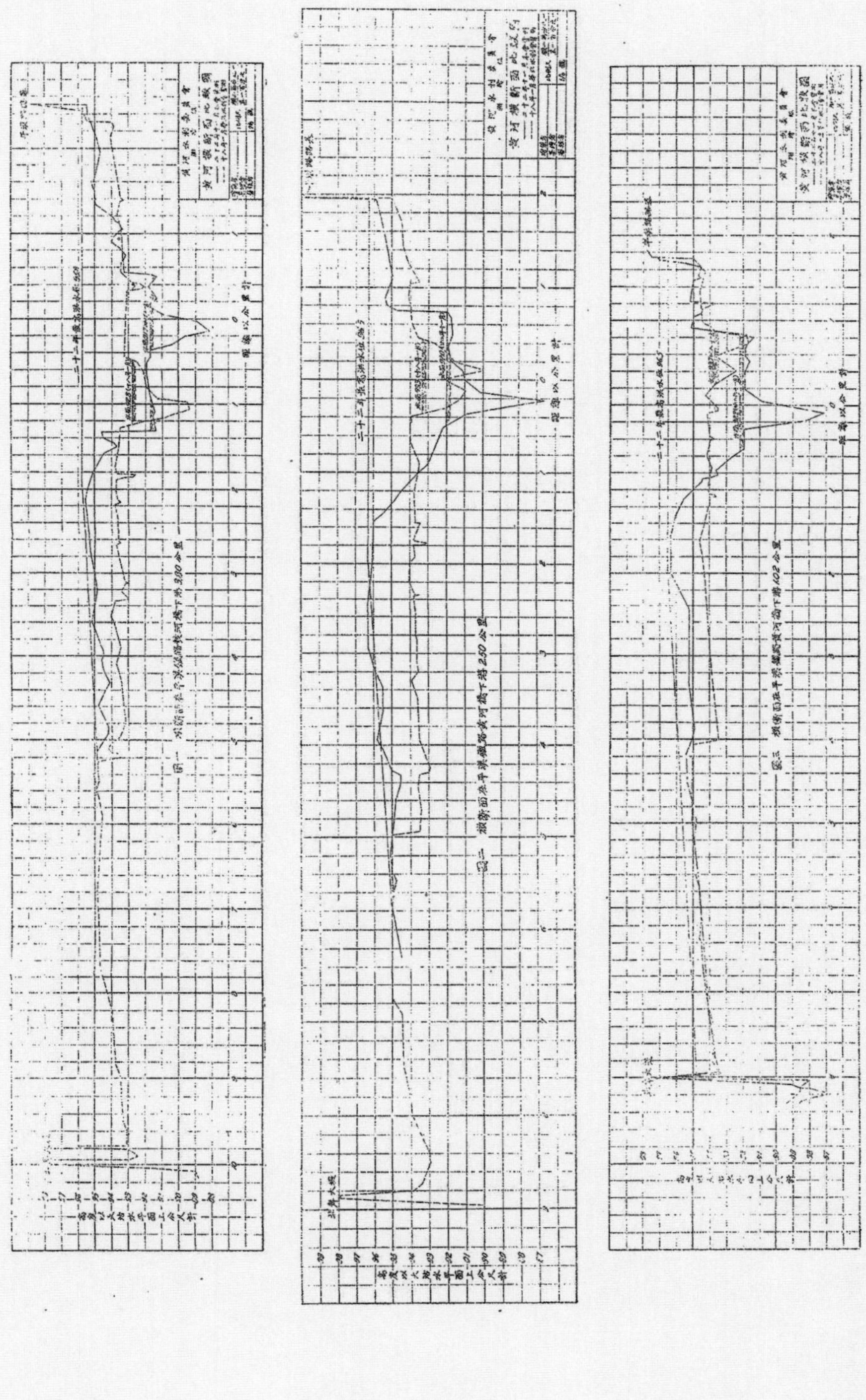

如何可使灘地長高而河槽刷深，本會以爲不必拘於固定中水河床，而應先從灘地着手。其理由如左：(一)因黃河河床極不規律，中水河床，頗難規定。(二)因希望河槽刷深，水面降低，將來之中水位，必非今日之中水位。(三)因欲將普通洪水納於一槽，則徒固定中水河床，反與河水刷深之工作有碍。

固定河床之法有下列數種：(一)用順工，(順壩或如巴燕國所用長輥Endless roller)(二)用丁工，(丁壩，透水丁壩，浮壩等)(三)潛壩，(以制止河床之過於刷深)(四)護岸各種工程，(五)塞支工程，(六)裁灣工程。丁順兩壩，工料或用石，或用梢，或梢，石，沙，土雜用，設施之後，皆不易改變。故用時不可不加審愼。並非如黃河現在之壩，專爲護隄，而無治導之關繫。可任意用之。抑且此等工程，均屬所費不貲者。

本會以爲欲達「河灘長高，河槽刷深」之目的，所施之工程，須具四種條件：(一)工價極省。(二)具伸縮性，隨河壩之變遷，而不失其用。(三)不妨碍河床刷深之天然工作。(四)可隨時按環境需要而增益。因之擬訂一種方法，名曰固灘壩。

若河床橫斷面有如(圖四)實線所示爲現在之河床，及兩隄與水面。虛線所示爲將來治導後之河床與水面，河槽之寬爲B，故吾人即在B寬以外，兩側灘地，設施固灘工程。此項工程，至爲簡單，只打木橛於灘地，單行或雙行，與河流方向成一七八十度之角，向上挑着，單行橛上編柳枝籬笆，雙行橛間添柳枝，用石塊鎭壓，用鉛絲牽鎖。壩出地面毋爲過高，以半公尺至一公尺爲度。如圖四中卌線所示。此種壩工，上下相距每五百公尺至一千公尺一個。壩之前端約三十至五十公尺長，

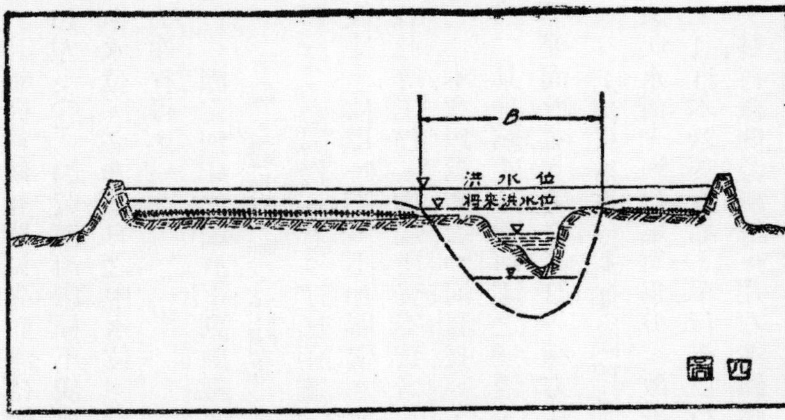

圖四

不用打樁入地，而作成鋪地壩，一部份埋入地中深約四五公尺，上面用石鎮壓。以俟河槽冲刷，至此為止境。

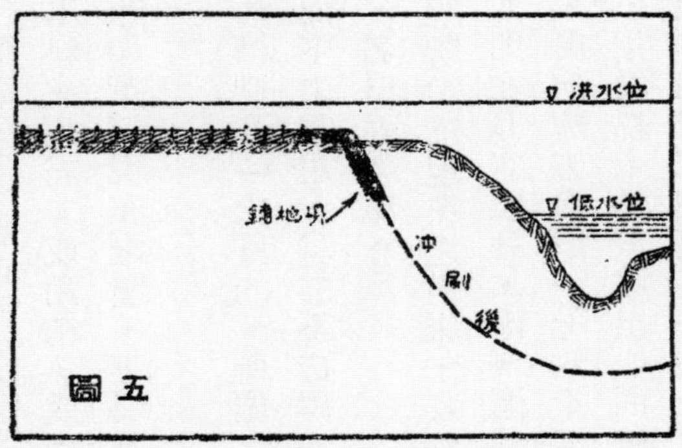

圖五

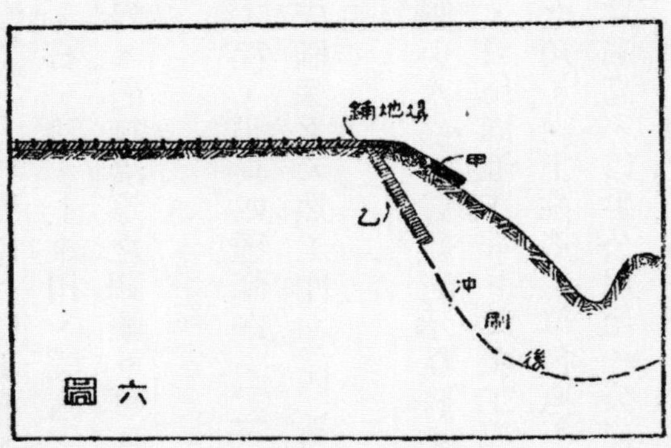

圖六

如（圖五）虛線所示。若壩長達到現在河槽之岸邊，則設施如（圖六）鋪地壩段，覆在河岸，如經冲刷，則隨岸內徙，如（圖六）線虛所示。固灘壩之功用，（一）制止灘地被河溜侵削。（二）漫灘洪水，被壩所阻，其流滯緩，所携之泥，即淤灘面。欲使此項効力增强，可再沿河岸設施順壩，同樣作法，則淤泥留於灘上，清水濾入河槽，可助河槽冲刷，如(圖七)所示。

固灘壩一次設施之後，灘地長高，則繼續設施，以河槽刷深，灘地長高符於計劃爲止。此種工程遇河床變遷，須更改時，亦自易易。

壩之兩旁及壩間灘面多種樹木，以增加效力。此外於河槽冲刷達至目的以後，再加以護岸工程，則河床永遠可以固定。保灘之法，古人亦有主之者：吳大澂氏曾在滎澤汛立一石碑，上鐫曰：「老灘土堅，遇溜而日塌，塌之不已，堤以漸圮。我今築壩，保此老灘。灘不去，則隄不單，守隄不如守灘。」若千年後，河槽深入地中，爲有過深之地段，仍需設施潛壩，使河槽深淺一律，所有水泥，皆能順利下行。

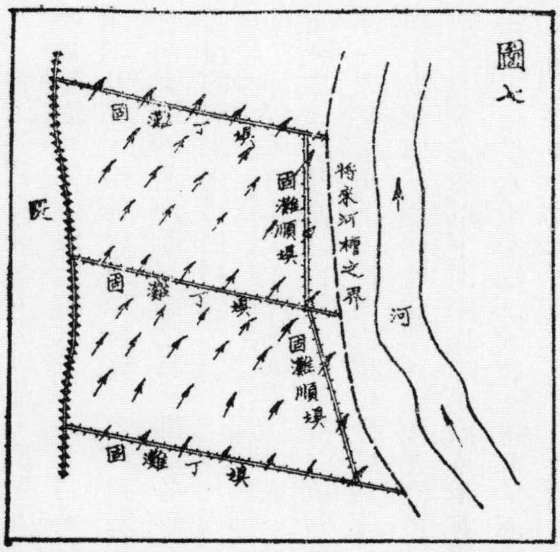

圖七

黃河之水有自闢河槽，自然治導之能力。所以治河當局必須利用機會。預將河工經費準備充裕。一有機會，即速利用。則用力一分。可得百倍之效。如二十二年大水之後，有諸多地方，河水已歸於一槽，河槽自然刷深，河灘已經長高，顧未能乘此機會，加以保護，俾此種萬金難買之良機，轉瞬又復失去，至爲可惜！

二、洪水量須有節制。非常洪水如無節制，則下游仍須氾濫。本會擬在中上游黃河支流山谷中分設水庫，停蓄過分之洪水量。例如下游河槽，只計算容納每秒六千五百立方公尺，則如民國二十二年之洪水量每秒二萬三千立方公尺，則超過之每秒一萬六千五百立方公尺，須設庫以停蓄之。此數分作幾處停蓄，渭河至少停蓄百分之三十，涇河至少停蓄百分之四十五，北洛河至少停蓄百分之十五，汾河至少停蓄百分之十。此外沁洛二河，亦令停蓄若干。洪水之時，互通消息，迭爲控制，使流至下游之水量，不能超過每秒六千五百立方公尺，則非常河患，可以從此消弭。

各河停蓄水庫，大汛以前，預先放空。大汛期中，須有相當之水量，由底洞瀉出，(一)使庫內不致積淤。(二)使下游水量不致太弱，有病河床。(三)不致發生河患。此水量須按水力及含泥情形詳細計算，而加以模型試驗，方可確定。各停蓄水庫未經設置以前，洪水停蓄之地，即爲尚未長高之河灘。希望河灘長高之日，即爲各停蓄水庫完全成功之時。不然，非常洪水，仍不免漫灘，吾人之目的仍未克達到。

世人頗有顧慮停蓄水庫極易淤滿，而失其效用者。但本會所慮者不在庫內積淤，而在庫外積淤。水庫設於小峽之內，水急而陡，固可使冲刷淨盡。但如二十四小時之水量，分作十日或二十日放下，水勢變弱而携出之泥平均分配於逐日流下之水中，恐水庫以下之河床，反受其淤。故下游治導與上游水庫，應同時並舉。並須要精密計算。

三、孟津以下河床比降，尙可謂有規律者。惟陡灣及岐流過多。陡灣須當裁削。岐流應用柳壩堵塞，使洪水漫過塡淤。岐流堵塞，河槽劃一，低水之時，自無過淺之慮。消除陡灣與淺灘，水流暢利，行凌自然無礙。

四、最費研究者爲泥沙問題。孟津以下爲患者只泥沙兩種，泥亦稱爲淤。吾人欲解決此項問題，須先考究泥沙之來源。泥細而浮於水中，隨水而行，其來也遠，其去也亦遠。沙麤而沉於水底，被水押之順河底轉旋，來既非遙，去亦甚邇。故河南境內多沙，山東境內則少。泥則不然，直至入海爲止。由下而上推，河南之沙難達山東，則强謂河南之沙，均係由河套來者，未免近于武斷。因黃河自孟津以上，兩岸山谷流水逐處皆是，何必一定來自河套？河套之沙細。壺口之沙則麤。由上游而至下游，沙只有由麤變細，決無由細變麤之理。可知河套之沙，假使其形態不變，即越過河曲而亦不易，何況河南？且因綏遠一帶，地勢平衍，水勢寬放，所以沉重之沙，便停擱其地。沙必磨細，方可行之及遠。

黃河兩岸之支流，其源離河遠者，帶入河中之沙細。離河近者，帶入河中之沙粗。故汾，洛，涇，渭，帶入河中之沙較細，而龍門以上山陝兩岸之水帶入河中之沙較麤。山西方面石塊更多。以渭河論，渭河以北諸支流帶下之沙細，南山諸支流帶下之沙麤。龍門以上所來之沙，一出龍門，河勢寬放，又復停擱。潼關以下閿鄉陝州等處，河底又爲麤礫，可知非自上游來者。河南之細沙，大半出自潼關至鞏縣一帶兩岸山谷中。由上游來者或反係少數。

上述僅係基于理想，仍待事實證明。本會現正從事實地觀察。並擬具研究泥沙之具體計劃，據以工作。

泥之來源，自屬遼遠。因泥隨水同一速率而下行。吾人只見甘肅陝西各大小河床無停積下之泥，可知泥皆趨向下游。

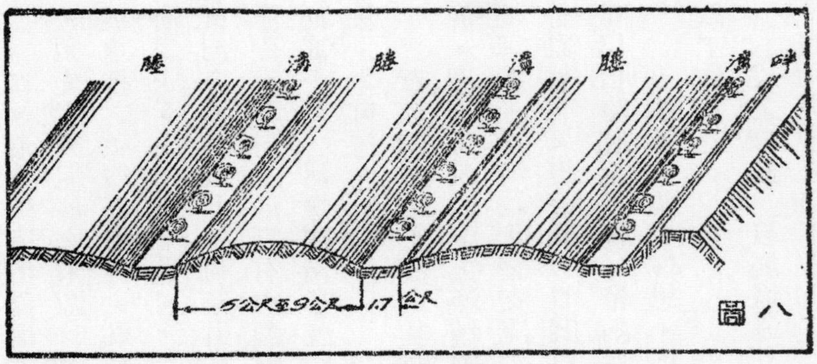

圖八

吾人既察知泥沙之來源，便可研究減免泥沙之方策。減免泥與減免沙應分爲兩事。沙爲來自山谷，故應在山谷中設置谷坊，平緩水勢以減免之。泥爲來自黃土地面，故應平治田疇，開闢溝洫以減免之。

開闢溝洫，或非農人所願。其原因：（一）多佔地面，（二）每年須施以挑挖。故吾人有鑒於此，特另擬一種辦法治田，如（圖八）所示。將田分作溝，塍，畔。畔須高。溝寬五尺，深一尺。塍寬二丈至三丈。頂面作弧形，易於耕耘，溝中可以植樹，並可栽種菽穀。亦不必每溝中均須植樹，但可斟酌情形辦理。雨雪水量，可以停蓄溝中。田面土壤，不致冲刷。於農人大有利益，於河道大有幫助。此法施於西北各地，如政府認眞推行，諒非難事。

利用森林減免泥沙，功效甚微且緩。吾人雖不可存一依賴森林治河之心理。但仍應努力提倡西北山中植林。

以上所述，主要者在減除下游之河患，同時使河道得以整理，與復航運。潼關至韓城一段雖非河防段，然亦常受水害，所以固定河床，刷深河槽，應與下游同一辦法。希望達到通行小輪船之目的。似不必一意專於修築隄防。甯夏至包頭一段，河勢寬衍之處亦須引用固定河床之辦法。窄狹之處，水深自可敷用，只須掃除石灘障礙，自可通行輪船。至

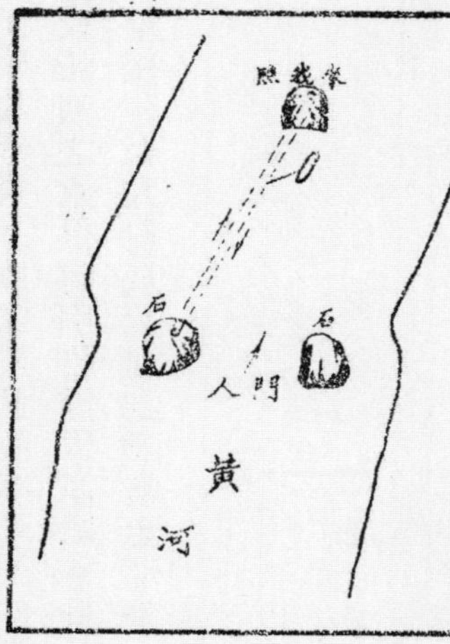

圖九

於包頭至禹門，潼關至孟津，只希望通行民船之兩段，其主要工程在除去壺口與三門兩險。壺口可設一斜坡船道 Incline 上設鐵軌，以機器放船而下。三門可在「照我來」石上及人門石上設一無頭練 Endless chain，用機器轉動，以拖帶上下行駛之船。潼關以下閿鄉附近有一段湍流，須治之。此外寬放地段，亦可參酌用丁壩東馭河床，使不至散漫，致碍行舟。

至於西北各省倡辦灌溉事業，當然最有利於人民者，但不可惑於灌溉一興，便可減除下游水患。蓋灌溉之渠，戒於洪水攔入。洪水進渠，渠便易淤。河套一帶情形稍有不同。要之水利自水利，水害自水害。非上游一有水利，下游便無水害也。

下游用河水放淤灌田，亦爲一種極大水利。但欲完全倚賴於是，以減河中洪水量，却能減得幾何？又有畏放淤分水，減弱河水勢力，致河床積淤，亦爲過慮。

最終須述試驗。現今科學發達，而治河工事，則仍幼稚。河道本有伸縮性，演變性。其在地面之流通，宛如人身之血脈。吾人對於河道之研究，遠不如生理學家，病理學家對於血管之研究。自從恩格爾斯氏提倡用模型試驗以來，歐洲學者，對於行水研究，已有相當進行。美國密細昔比，多年以來墨守成法，仍自二十世紀以來，迭遭大水。如一九一二，一九一三，一九一六，一九二二，各年都受重大損失，而尤以一九二七年洪水爲甚。幹隄决口十一處，支流之隄决口無算。被淹二萬八千平方英里以上，災民七十萬。可與民國二十年揚子江之洪災，二十二年黃河之水災相提並論。不過其救護方法較周，故受災較輕。

世人覺悟以前成法，不足應付，於是羣起而研究妥善之方法。維克斯堡水工試驗所 U. S. Waterways Experiment Stationat Vicksburg 於是應運而生。將以前政策不當之點，根本推翻。對於河沙之運輸情形；岸坡掩護方法，作根本之研究。停蓄水庫，亦在研究之列。可供吾人之借鑑者當復不少。

吾人力量薄弱。現由許多機關，合力在天津設立第一水工試驗所，正在建築中，專爲黃河計，最好在平漢鐵路黃河鐵橋北岸廟工地方，設一大規模試驗場。可仿照恩格爾斯在 Obernach 所設之試驗場辦理。廟工屬武陵縣境，距黃河北岸車站五公里。房屋偉大，可以利用爲辦公廳，黃河之水或沁河之水俱可引作露天試驗。此外對於黃河之泥沙與黃土，均可于其中研究之。果能如此，若干年後，吾人對於黃河認識當更清楚，而治導之法，當更周密。

第五章　灌溉與墾殖

黃河上游頗饒灌溉之利，其歷史悠久而功效特著者，則有寧夏之中衛區，河東區及河西區各大渠，綏遠之後套十一渠，陝西之涇惠渠（昔之鄭白渠址），其他小規模之灌溉事業，洛沁各河靡不有之。最近之在興工中者，如陝西北洛河之洛惠渠；計劃擬就款已籌儲者，如陝西渭河之渭惠渠；正在勘查計劃者，若山西之汾水，河南之洛沁各河。行見數十年後，黃河流域之水利，將必大有進展，其有利於國計民生者，曷勝量哉。

黃河附近鹽鹼之地，亦屬不少。即以山東計之，已有一萬七千四百五十頃，其他各省尚乏確實調查。其已興工改良者，若山東之王家梨行等之虹吸淤田計劃，其他亦正在計劃推行之中。茲分別述之。

一、灌溉

寗夏水利分三大區，中衛以下，青桐峽以上，夾河而墾者，曰中衛區；青桐峽以下，據河之西者，曰河西區，東曰河東區。各導水渠以紆迴灌沃其間。觀乎各渠命名，知其歷史悠火，蓋非近代產物。惜乎後世忽視，各渠日就荒蕪。統計灌溉之地，祇七十餘萬畝，不及可灌面積三分之一。若能加以整頓，廣事招徠，其發展蓋未可量。

河西區渠之著者，曰唐徠渠，大清渠，漢延渠，惠農渠。河東區渠之著者，曰秦渠，漢渠，天水渠。各自黃河引水，不相統屬。各渠通病，比降太小，故一經引水，輒淤墊甚高。年須挖挑，挑挖之前，必須捲埽堵口，所費不貲。整頓之法，須施統一管理。若於青桐峽山勢合抱之處，修建新式引水工程，左右分引，引於左者首入唐徠，以次分給大清，漢延等渠。引於右者，首入漢渠，以次分給秦渠，天水各渠。舊口概行堵塞斷絕，黃水自無竄入之路。似此行水有節，可望減少淤墊之患。兩區未墾之荒地甚多，不難逐漸墾種，惟灌溉可以招徠民衆，亦惟灌溉可以制止沙漠之拓展。此不僅一時一地之利，自宜急起圖之。

整理唐徠渠，同時兼顧航運，一如疏展烏加河之例。於平羅鑿通惠農，再下至石嘴子入黃，則船隻之自包頭來者，由烏加河至磴口入黃，溯八十公里至石嘴子，入唐徠渠，直抵青桐峽。可以避去石嘴子青桐峽間黃河百六十公里之膠淤。由是西通皋蘭，西寧，西北通新疆，蒙古。青桐峽將一躍而爲綰轂西北之鉅埠矣。唐徠渠之浚展，約需出土一千四百萬公方。

綏遠面積共約三十七萬四千方公里，曠漠平原，可耕居十之四。惟以僻居西北，氣候寒燥，一年之間，僅自五月至九月溫度在攝氏十五度以上。耕稼限於一熟，須於此百餘日間，以播以穫，而雨澤稀少，又恆影響及於農作。過去統計，民國八年，十年，十四年，及十五年，全年總雨量，各在四十至六十公分之間，惟民國九年雨量最多，得八十八公分，於是歲慶大豐。民十六年及十七年天氣亢旱，遂成空前奇災，故灌溉工作，爲事實所必需。

綏遠河套灌溉，昉自秦漢，盛於有唐，元明中衰，而復於清季極盛，民國初元又浸見衰替矣。現有大幹渠十一，曰：永濟，剛濟，豐濟，沙河，義和，通濟，長濟，塔布，黃土拉亥，民復爲公渠，曰楊家河爲私渠。各渠皆自黃河引水，或引倒欁水，或引套水，或設迎水壩以引水，而皆洩之烏加河。烏加河宣洩不暢，則各渠俱苦擁塞。本年洪水期內，黃河水高，灌注各渠，釀成五原臨河一帶水災，即由烏加河退水不暢所致也。各渠引水方向不順，自然引注黃水，易致淤墊，而各自爲政，不相統屬，尤足梗阻發展。

改良方法，擬自變更各渠方向入手，即以烏加河爲引水總渠，另鑿支渠，分引東南趨灌溉區，退入黃河。如此淤澱可以減少，並於總幹渠口修築節制工程，尤與全渠有益。茲略述意見，詳細計畫，有待於測量後爲之也。

河套黃河爲甘寧兩省交通要道，惟河槽遼闊，沙灘游移，航運非常艱難，烏加河縱坡平緩，今若以之爲引水總渠，必先行疏浚，以供灌溉，同時可以兼備航運之需。惟其上游與黃河銜接之處，早經淤成平陸，疏浚頗屬不易。而寧夏磴口以下，地勢平緩，亦可施行灌溉，是不若自磴口黃河北岸起，挖渠東北行九十公里，至陸家店接黃土拉亥渠，再東北循烏加河，東行二百公里入烏梁素海南出，另鑿新渠二十公里，繞烏拉山麓，至小廟店，循三湖河而東六十五公里，至土黑廠淖，再鑿新渠四十公里，抵包頭鎮，接平綏路。總計自磴口至包頭，渠長四百十五公里。其間須鑿新渠一百五十公里，疏浚舊渠二百六十五公里，如此寓發展交通於疏展水利之中，開發西北，計莫愈於此者。

新渠姑定面寬五十公尺，底寬三十六公尺，水深三公尺半，比降一萬分一，流量可達一百三十秒立方公尺。足敷灌田一萬六七千頃。新挖渠長一百五十公里，出土二千二百五十萬公方，疏浚舊渠二百六十五公里，出土視新渠之半，計一千九百九十萬公方。兩共出土四千二百四十萬公方。此不過約估計之，有待測量之證實也。

陝西引涇溉田，始於秦用韓水工鄭國。（紀元前二四〇年），其後漢之白公以堰毀，水不能入渠，則上移渠口，（紀元九七年），改名白公渠。故至今猶稱爲鄭白渠。自漢以後以迄於明，歷代皆有修改，堰口則大抵以次上移。清乾隆二年（紀元一七三七年），以涇水屢毀渠堤，淤渠身，乃築壩拒涇，改引泉水，溉田之數大減。清之季年，以渠身罅漏，僅溉田二百頃，民國九年，華北大旱，十年華洋義賑會派員至陝測勘，十一年陝水利局詳細施測，擬具計畫。於十九年冬開工，二十一年六月二十日行放水禮。是年終共澆麥地八百餘頃。二十二年春又增加下游四百餘頃，二十三年增溉田五千餘頃，固已收有相當之功效。

北洛河灌溉工程，由全國經濟委員會辦理，所有工事正積極進行，目前已完成十分之四。預計民國二十五年六月全部竣工，裨益農田，必非淺鮮。

渭河自上年十一月由本會導渭工程處派隊施測，太寅村以上水庫地形，及自太寅以東以至咸陽。灌溉區域計畫，業經擬定，工款一百五十萬元，亦經陝省府籌足，尅日可以開工。

以上涇洛渭三河，皆另有詳細報告，茲不多贅。

二、墾殖

黃河下游豫冀魯三省，沿河兩岸，平野無垠。隄外土地，類皆窪下，非瀰漫淤沙，即鹽鹵硝鹼。其在舊日决口之處，此象尤形顯著。據山東建設廳調查統計，魯省沙鹼之地，達一萬七千四百五十頃，其甚者斥鹵不毛，五穀不登。蓋地勢既低，水無所洩，惟有滲漏下沉，深入土中，及天氣晴暘，則蒸發上昇，地下鹼質，浮出地面，積久凝結，遂成斥鹵。沿河人民，對於沙鹼地面，雖有翻土蓋沙，刮鹼見新辦法，惟以沙層過厚，時間經濟，損失俱多。而地下水面未能降低，鹼質旋昇地面，所獲效率，亦復甚微。淤田工程，寔可改良土壤，易磽瘠爲膏腴，發展灌溉，易歉收爲豐稔，地價增漲，農産豐收，國計民生，兩受裨益。

近來山東頗倡議推行淤田，河南河北亦謀舉辦，俱以虹吸管代閘，以免掣溜。據山東建設廳所擬淤田計畫，若一萬七千餘頃之地，淤灌改進以後，每年可增加利益一千五百八十七萬餘元。惟因所費過鉅，不克遍設，乃擇主要者五處，先行試辦。計爲齊河江廟，歷城章邱交界之王家梨行，青城齊東交界之馬閘子，濱縣尉家口，蒲台王旺莊。均經地方人士同意籌募經費，由山東建設廳爲之設計指導。茲將該五處虹吸管建設工程，淤田畝數，並利益預算錄左：

地名	虹吸管徑（英寸）	建設費（元）	灌田畝數	每年利益（元）
王家梨行	二十一	一〇〇〇〇	六八〇〇〇	二八〇八〇〇〇
紅廟	十八	七〇〇〇	四八〇〇〇	三〇〇〇〇〇
馬閘子	二十一	一〇〇〇〇	六八〇〇〇	一八六五六〇〇

尉家口	十八	五〇〇〇	四八〇〇〇	六二一〇〇〇
王旺莊	十四	四〇〇〇	二七〇〇〇	九二七〇〇〇

王家梨行虹吸管於民國二十二年九月開始裝置，三閱月而工竣，十二月十八日舉行放水試驗，其結果每秒出水量爲一八·八五立方英尺，與預計之出水量大致相符。其始民衆聆及淤田，心存猶豫，迨後見王家梨行試驗成功，乃紛起請求，然魯省府以限於財力，尙未能儘量舉辦。

河南開封一帶，沿黃隄外之地，多屬鬆沙斥鹵，地勢卑下，不能耕種，倘施淤灌，卽可化爲沃壤。河南建設廳擬於開封西北十一公里之黑崗口，及柳園口，舉辦放淤工程，且因黑崗口附近之水潭面積約四平方公里，平均水深約一公尺半，黃河中常水位高於潭底約四公尺半。僅恃一縷土隄，以爲範護，每逢洪漲，險象環生。民國二十二年八月黑崗口幾瀕於危，汴城居民一夕數驚，蘇皖人士亦不安枕。誠以一旦潰決，不僅開封一帶之人民生命財產盡付洪流，且必南下奪淮，禍及蘇皖。若能淤灌墊高，不僅增加農產，更可鞏固隄防。黑崗口柳園口淤田灌溉以及修隄等，所費不貲，正由本會函商管理中英庚款董事會借用英庚款五十萬元，以期實現。目前柳園口已由河南建設廳就前購之虹吸管先裝二座，現正在安設中。管徑六公寸最小水頭約二公尺，估計出水量每座每秒約〇·八五立方公尺。將來尙擬添設六座，是出水總量每秒六·八立方公尺，最大出水量爲每秒八立方公尺。以之灌溉惠濟河流域農田，或尙嫌不足也。

河北省壩頭鎭附近，有涵洞三座。原冀盛漲時，在大隄南小隄之間，引水放淤，因慮掣溜出險，迄未啓用，近且以蔴袋堵塞口門。

黃河放淤，原則極善。惟工程計畫，必須極端審慎，庶可行之無弊。而放淤工程法規，亟應訂定公佈通飭遵守。世以沿黃裝設虹吸管，以爲有掣動大溜，危害隄身之慮者。據恩格爾斯教授覆本會沈委員怡函曾謂「安設虹吸管無傷於隄，無害於溜余無間言」云云，並證諸已有事實，亦可稍釋杞憂矣。本會對於此項灌淤事業，正在調查計畫中。

附錄

(一)本會工作綱要

民國二十二年六月擬訂同年九月二十五日經國民政府核准備案

一、測量工作

甲、地形河道測量

測量爲應用科學方法治河之第一步工作，蓋以設計資料，多是賴也。然黃河各段之情形不同，故所需測量之詳略亦異。例如鞏縣以下，河患特甚，測量宜詳，鞏縣至韓城次之；韓城至托克托則在山峽之間，又次之；托克托至石嘴子較爲平坦，有灌漑航運之利，宜較詳；石嘴子以上則次之。

鞏縣至河口一段長約七百五十公里。兩堤間之距離，有爲十五公里，有爲四公里，今估計測量之寬度爲三十公里，測定河床形狀及兩岸地形，繪製五千分之一至萬分之一地形圖。若組織四大隊測量，約三年可以竣事。鞏縣至韓城一段，長約四百公里，測繪萬分之一地形圖；韓城至托克托一段長六百公里，亦測繪萬分之一至兩萬分之一地形圖。於山峽處測量區域可窄，於欲修築工程處如閘壩等·則測量較詳。約二大隊二年可竣。托克托至石嘴子一段。長亦約六百公里，亦測繪萬分之一地形圖，二隊約二年可竣·石嘴子以上，則暫作河道縱斷面，及切面測量，一隊約二年可竣。黃河上游之地形及河口之狀況·概以飛機測之。如是則組織五大隊測量，五年內即可竣事。

乙、水文測量

水文測量包含流速，流量，水位，含沙量，雨量，蒸發量，風向，及其他關於氣候之記載事項。

其應設水文站之地點如下：皋蘭，寧夏，五原，河曲，龍門，潼關，孟津，鞏縣，開封，鄄城，壽張，濼口，齊東，利津，河口，及湟水之西寧，洮水之狄道，汾水之河津，渭水之華陰，洛水之鞏縣，沁水之武陟。其應設水標站之地點如下：貴德，托克托，葭縣，陝縣，鄭縣，東明，蒲台，汾水之汾陽，渭水之咸陽，洛水之洛寧，沁水之陽城，並令各河務局沿途各段設水標站。

於河源，皋蘭，寧夏，河曲，潼關，開封，濼口，各設氣候站，測量氣溫，氣壓，濕度，風向，雨量，蒸發量等，並令本支各河流域之各縣建設局設立雨量站。

二、研究設計工作

治河之事，環境複雜，其受天然之影響亦至巨。故必有充分之研究，方可作設計之依據。河床之變遷，河道冲刷之能力，沈澱之情形等測驗，流量係數之測定，泥土試驗，材料試驗，模型試驗等工作。舉凡一切工程於實施之先，必有充分之探討，對於採得之資料，必加深切之研究。

於開封，濟南各擇一段河身作天然試驗。又擇適當地址，設模型水工試驗場一所，以輔助之。三年之後，上項之測量與研究工作，大半完足。即可根據以計劃治導之方案，以便作工之實施，舉凡本河之根本治導工作，即可於第五年起，次第施行。

三、河防工作

黃河之變遷潰決，多在下游，故在根本治導方法實施之前，對於河之現狀，必竭力維持之，防守之，免生潰決之患。欲各河務局之工作與將來計劃不衝突，及其防護合理起見，冀魯豫三省河務局統歸本會指導監督。本會並常派員視察指導改良其工作，舉凡埽壩磚石之應用，增鑲新修之工程，皆應努力爲之。查我國治河有四千年之歷史，其成績與方法，殊可欽仰。惟防決之法，似有改進之必要。對於汛員兵弁，宜加以訓練，俾得明瞭新法之運用，同時並訓練新工人，以作遞補之用。

四、實施根本治導工作

按照上項計劃，約四年之後，即可實施治導之工作，其項目如下：

甲、刷深下游河槽：換言之，即對於下游河道橫切面加以整理，河口加以疏濬。河水含沙過多，爲黃河之一大問題。欲河槽不淤墊，則流速與切面必有合理之規定。如是則河槽刷深水由地中行矣。其法或用束堤，或用丁壩，因地制宜。

乙、修正河道路線：河道過曲，爲下游病症之一，故應裁直之處甚多。惟同時亦應顧及現有之事實，相勢估計，規定之後，於何處應裁直，何處宜改弧，亦當次第興辦也。

丙、設置滾水壩：於內隄之適當地點，設滾水壩，俾洪水暴漲時，可以漫流而過，流入內隄外隄之間，既可免冲决之患，且可淤高兩隄間之地，以固地形。惟必加以測驗，審愼處置，以免河水因疏而分，因分而弱，因弱而淤河床。

丁、設置谷坊：山谷間之設横堵，既可節洪流，且可澱淤沙，平邱壑。應相度本支各流地形，以小者指導人民設置之，大者官力爲之。

戊、發展水力：沿河可發展水利之地甚多，宜利用之，而以測量壺口爲第一事。

己、開闢航運：黃河上下游必整理之，俾便航行。凡比降過大，或礁石隔阻之處，可設閘以升降之，或炸除其障碍。

庚、減除泥沙：於泥沙入河之後，應使之携澱於海。然爲治本清源計，以能減少其來源爲上。其法爲嚴防兩岸之冲塌，及另選避沙新道。再則爲培植森林，平治階田，開挟溝洫（參看第六第七節）。

辛、防禦潰决：於各項新工程實施之後，則水由地中行，永患自可逐漸減除，惟仍宜竭力防護之。

以上工作有須待四年之後起首者，有隨時可以興辦者，期十年小成，三十年大成。

五、整理支流工作

支流之整理與幹流本爲一體，惟各支流之情形不同，則治導之方法與利用，自當因地制宜。例如渭水航行及灌溉之利，與其含沙量，是當特殊注意者。其他若汾，洛，沁等支流亦皆應加整理，以淸其源也。

六、植林工作

森林旣可減少土壤之冲刷，且可裕埽料，防泛濫，故沿河大堤內外及河灘山坡等地，皆宜培植森林。造林貴乎普及，非一機關或少數人所能爲力者，故必與地方政府及人民合作之。嚴定賞罰條例。

七、墾地工作

墾地工作一則有利河道，再則增加生產，實屬有益，茲分述之：

甲、恢復溝洫：治水之法，有設谷閘以節水者，然水庫善淤。若分散之爲溝洫，則不啻億千小水庫，可以容水，可以留淤，淤經渫取，可以糞田，利農，兼以利水。惟西北階田，必須以政府之力，督令人民平治整齊。再加溝洫，方爲有效。

乙、整理河口三角洲：河口三角洲淤田三百萬畝，且河道遷移不定，水難暢行，棄富源於地，亦殊可惜。應即着手治理，則工程農田，兩收其利。

丙、整理河灘荒地：沿河兩岸荒地甚多，或由於河道之變遷，或由於兩岸之淤高，多爲未墾之地，如豫省之沿河兩岸，及陝西韓，郃，朝，華一帶是。

丁、鹼地放淤：沿河鹼地，多爲不毛，每畝價格極低。即以山東而論，已有近十萬頃之數。其他若河南河北兩省沿岸亦甚夥，若能整理得法，則荒田變佳壤，其利甚溥。

戊、河套墾地：河套一帶未墾之地尙多，宜墾殖之。

己、灌漑田畝：黃河上游及各支流，宜施行灌漑工作。況上游雨量缺乏，尤宜行之。惟在下游頗有考慮之必要。蓋以鞏縣而下，支流無幾，若引多量之水以資漑田，則所取者多爲水面及河邊之水，而含沙量必較少。因之河水之含沙量之百分數必增加。是故下段灌漑，應於河道切面設計時加以考慮也。

八、整理材料工作

我族沿黃河而東，開拓華夏，其與黃河之關係尤爲密切。而黃河又具甚難治之特性，泛濫變遷，時有所聞，故益爲人類所重視。是故史册所載，私家著述，汗牛充棟，極爲豐富。今者各實業家及水利機關，或派員視察，或施行測繪，研究者頗不乏人。惟以分地保存，散失不完，若不早日搜集而整理之，則恐年久無存。且昔人之經營，可作今日之借鏡。是以應將各種材料搜集整理之也。

(二)本會成立一年來工作概況

民國二十三年九月一日本會成立週年紀念大會秘書長張含英報告

本會自去年九月一日成立，迄至今日，適爲一週年，這一年來的工作，都是本會同仁作的，各同仁都能知之，勿庸詳細的報告，所以今天只提綱分類，總括叙述，作個統計的報告。按本會的職掌，依照組織法第一條的規定是：「黃河水利委員會直隸於　國民政府，掌理黃河及渭洛等支流一切興利防患之施工事務。」又按中政會的決議案是：「自二十二年七月份由財政部每月撥發經費六萬元，爲測量、設計，調查及辦公費之需，又河北山東河南三省河務局受黃河水利委員會之指導監督，照舊負各該省河防之責。」由這兩條，很顯然的看出本會職掌的範圍，所以本會的工作，就依照這個範圍去作。現在且從經費方面說起．

一　開辦費事業費及經常費

本會的開辦費，經　中央政治會議決議定爲十萬元。而實領到的數目，僅四萬元。尚差六萬元，所以實際開支，不敷甚鉅。幸而去年七八兩月在籌備期間的時候，開支較少，節餘下五萬餘元，本會遂經呈准，將這項欵列入開辦費內，以補不足。至於開辦費如何用的，就是購買儀器，前後共用四萬餘元，試驗設備費三萬餘元，修建會所購置車輛及其他用具等二萬餘元，這是開辦費的開支情形。

至於事業費一節，本會於去年八月奉　國民政府令，招集防汛會議，並辦理堵口工程。當即由行政院決議將前經決定發交揚子江防汛會之六十萬內，未付之欵五十萬元撥付本會應用，但當時只領五萬元，其餘之四十五萬元，始終未曾領到。至九月間，黃河水災救濟委員會成立以後負責辦理堵口工作。到了十月間，本會便將堵口工事移交黃河水災救濟委員會辦理，而着手於善後工程計畫的進行，因河槽隄埽，殘破不堪，整理大費手續，遂擬定以一千四百萬元爲辦理善後工程的經費，並擬具籌欵辦法三條，分別徵得冀魯豫三省政府，及導淮華北各委員會的同意，後由黃河水災救濟委員會轉呈中央核准。嗣經奉令善後工程由黃河水災救濟委員會會同各省辦理，本會負技術設計之責。於是各省就籌款辦法中的一條，以收入作抵，籌集款項。而冀豫兩省並已籌得款項，開始動工了。本會除負善後工程技術設計之外，又擬辦本年度防汛事宜。並呈行政院請先撥防汛費三十萬元，雖蒙飭交財政部核撥，但從未領到。又曾呈請列入事業費每年一百萬元，亦未蒙核准。這是關於事業費的大概情形。

本會的經常費，中央政治會議議決的原是每月六萬元。但自去年七月份起，只按半數發給，即月領三萬元。經常費的開支，只有按照頒佈之組織法及核准的預算辦理，自本年三月以後，即漸已感覺不足。六月份的開支薪工共支出二一•九三六•五九元，佔三分之二強，其餘的大部是用作測量旅費及購置等費。以上薪工數內除委員長，副委員長，總務處長，副總工程師之薪俸外，餘數爲一八，九三六•五九元，而總務處的開支僅三•二六五元。只當全數六分之一弱，由此可以看出，本會在事務方面，力求緊縮，而在技術方面，盡量擴充。次再說技術方面的工作。

二　二十二年堵口工程

二十二年八月十二日冀豫兩省黃河決口，本會奉令堵塞，立即派員主持下游隄防，並於十六日派員視察，旋於十八日奉令招集陝豫冀魯皖蘇六省黃河防汛會議，籌議防汛事宜。其時本會尚在籌備期間，人員未齊，奉令之後，深以人民災情慘重，待救甚殷，乃調借各機關技術人員立即出發決口地點，開始工作。分就冀魯豫設立三區工程處，董理其事。及至九月下旬，黃河水災救濟委員會就有接收辦理的意思，到十月初便移交了。並將擬就的冀魯豫三省黃河兩隄堵口工程計畫及測量圖表報告書等也一併移交黃河水災救濟委員會接收。雖然僅一月有餘的時間，但工作不無可觀，並且立下堵口工程的基礎。

三、黃河善後工程

自二十二年大水以後，本會深覺到關於河工應該作的事太多了。雖然大都是防汛事項，應由各省負責辦理的。但這樣大的工程，若沒有一個機關統籌計畫，提倡聯絡，恐怕不易舉辦。於是本會即派員調查估計，所有隄之加高培厚，修復補充，河槽之整治刷深，以及河口，上游整治工作等事項，共計需款一千四百萬元。本會一面派員測量，（測量工作見後）一面擬定籌款辦法三條，分別與中央地方接洽辦理。其後雖然河南只籌到二百萬元，河北一百萬元，山東仍用常年修廂費三十萬元，未能達到預期的數目，但比往年多的多了。同時本會担任技術設計的事宜，擬定冀魯豫三省黃河第一期善後工程計畫綱要及圖表分發各省河務局遵照辦理。

四　測量工作

本會測量工作是自二十二年十月開始的。原組織兩大隊，第一隊自鄭州向上測量地形，第二隊向下測量。以後因為善後工作的關係，又增設第三隊，合同第二隊測量鄭州濟南間的隄工。此外又於本年五月間，與北平地質調查所合作組織上游測量隊，自蘭州起始。六月中旬，隄工測量完竣，即將第三隊測量人員，分發各水文站。七月間，又因地形測量不易進行，特將第一測量隊人員抽調一部份組織精密水準一隊，自平漢路沿線之新鄉開始施測。本會的水文站在黃河本流者，計有十處：即蘭州，包頭，龍門，潼關，陝州，秦廠，高村，陶城埠，濼口，利津。在支流者共有五處：即河津，咸陽，太寅，木欒店，鞏縣。此外又有水位站六處，雨量站一百五十餘處。按六月份薪金的開支，測量人員及伕工在野外工作者爲七，〇七三・七一元，旅費尚不在內，在室內作業者如担任繪圖計算人員亦不在內。所以這一部分的工作，幾乎佔本會的一半。爲便利起見，將野外作業統計列一個表較爲清楚。先就第一測量隊說，只將導線，水準及校對水準，地形（萬分之一）河斷面四項而言，而隄斷面，測量及設立基點，測站等暫且不計。第一隊自二十二年十月起籌備，十一月開始，至本年七月止，（八月份報告尚未到）這八個月中，所作成績如下：

導線　共三六二・九公里平均每月四五・三六公里

水準及校對水準　共三五五・三公里平均每月四四・四公里

地形　共一三九二・九方公里平均每月一七四・一方公里

河斷面　共二五六處平均每月三二處

第一測量隊的預算，每月約四千四百元。其效率的大小，就此可以作一個比較觀。

第二測量隊於去年十一月間担任測量地形，十二月又担任測量隄工。本年四月十四日竣事。至二十日改測高村地形，至六月又測三義寨地形，七月測黑崗口地形，此三處地形，自然因屢經遷移的關係，工作受影響不少，現在將該隊所作的成績列下：

導線　共七六八・四一公里每月平均一七〇・七五公里

水準及校對水準　共七六九・八二公里每月平均一七一・〇七公里

隄斷面　共二九五〇處每月平均六五六處弱

自本年四月二十日至七月三處地形測量成績如下：

導線　共一七七・八八公里每月平均五〇・八〇公里

水準及校對水準　共一八三・五三公里每月平均五二・四四公里

地形　共五二四方公里每月平均一四九・七一方公里

第三測量隊自去年十二月起，測量隄工，至本年四月十七日完竣，又改往黃花寺測量地形，因遷移之間，費去十日，至二十九日始能工作，茲將其工作成績列下：

導線　共五三四・九公里平均每月一一八・九公里

水準及校對水準　共五七二・一公里每月平均一二七・一公里

隄斷面　共二〇六一處每月平均四三六處弱

第三測量隊於黃花寺測量時，即將一部分人員調往水文站服務。完工後，復全部分調往各水文站去。第二隊每月預算約四千二百元，第三測隊約四千元。自然室內作業的不在內，以上所述不過略舉幾個數目來表示測量的工作而已。

今再說到水文站，自本會成立後，即逐漸增設。至本年六月，因大汛將至，遂將第三測量隊八員分發各處成立水文站，或充實其內容，現在爲便於明瞭起見，將六七兩月的工作情形，也列一個表如下：（因爲水文站之交通不便，各站每月報告尚未到齊。又因水位及蒸發量是每天一次的，雨量亦按時登記的，所以表中只記測流次數及含沙量次數兩項）

站名	河系	六月施測次數		七月施測次數		備考
		流量	含沙量	流量	含沙量	
皋蘭	黃河			二次		七月十八日設立
包頭	黃河	四次	六次			七月份工作報告未到六月十四日設立
龍門	黃河	二次	八次			七月份工作報告未到六月十二日設立
河津	黃河	一次	九次			七月份工作報告未到六月二十日設立
太寅	渭河	十二次	二十八次	十次	二十次	
咸陽	渭河	十三次	三十次	十四次	三十一次	

潼關	黃河	九次	三十次	十一次	三十二次	
陝縣	黃河	七次	三十次	十次	六十二次	
鞏縣	洛河			三次	二次	七月十九日設立
木欒店	沁河			七次	十六次	七月十六日設立
秦廠	黃河	四次	二十四次	八次	三十一次	
高村	黃河	八次	三十次	十二次	三十一次	
陶城埠	黃河	五次	十次	九次	三十一次	
濼口	黃河	八次	三十次	十次	三十一次	
利津	黃河	二次	十一次	十次	三十次	六月十六日設立

關於報汛的辦法，本會也有嚴密的規定，各同仁均已知道，勿庸再說。

五、調查工作

調查和測量，有時是分不開的。本會歷次的視察，多有特種之使命的。例如需要某項設計材料，便有某項調查。至于所作勘查下游三省黃河報告，踏勘黃河海口情形報告，勘查渭河報告及勘查寶鷄峽建築水庫地址報告等不過是其中的一小部分。五月間又派專員調查各支流的地理及地質情形，自涇渭二河始，現正在工作中。

六、設計與研究

設計工作是抽象的，他的價值，是不能用數量來估計的，所以設計的成績是很難表現的。優良設計當然是不但在金錢上經濟，而在效能上亦特別顯著。但是這種優點，必要詳細研究，方能得來，在普通人看着也不過是幾張圖一卷書而已，而其實這點東西並不能以等閒視之。這是就質上說，至於量的方面，亦難以節目多寡來評判成績的優劣。記得曾有人說：「某機關辦一件稿，按支出經費計算，需要三十元」。這雖然說是該機關不經濟，但若純粹以金錢為標準，以件數為根據，恐怕不是統計上的最好指數。設計與辦稿又不可同日而語，更不能以此來衡量牠。但是為明瞭本會設計工作內容起見，我可以大略舉幾條於下，而在以前各節範圍內的不贅列。

一、擬定黃河水利委員會工作綱要

二、推算陝縣黃河糙率及流量

三、編擬整理海口計畫綱要
四、研究黃河河床變遷
五、設計黃河拋磚護隄計劃
六、草擬鞏固黃河南岸概算
七、草擬黃河尾閭計畫實施辦法
八、計算黃河洪水週期
九、研究歷年流量斷面水面關係
十、研究黃河含沙量
十一、擬定潼關護岸工程計畫及估計
十二、計畫平漢路橋間護岸辦法
十三、計畫保護平漢路橋辦法
十四、研究各方所送治河意見
十五、擬具黃河流域土壤冲刷制止辦法
十六、研究黃河河道變遷
十七、研究黃河最大洪水量
十八、擬黃河治本的探討

十九、擬定苗圃及造林計畫

二十、作黃河試驗

說到黃河試驗，關於此節，本會一面與德國恩格爾斯教授接洽，並派員試驗。一面與國內各水利機關合組中國第一水工試驗所，設於天津，現在已經動工。並由本會開辦費項下呈准協助三萬元。

七、河防工程

因爲本會經費，只能領到原定數目的一半，所以對於河防工作，迄未按照預定計畫施行。但本會已盡現有力量之所能，節節推行。如大汛時期，於下游三省分別令派高級工程人員前往協助防汛，嚴定報汛辦法，令上游各處水文站每日都得有直接報告或間接的報告。架設電桿聯絡冀魯豫三省電話，並添設無線電台。這在防汛上都有極大的協助。其他還有正在進行之中的，例如：

一、擬定防汛規則十一種

二、擬定河工圖說（用以訓練河工人員）

三、擬定河兵須知

四、擬定民衆防汛訓練辦法

五、編訂河工名謂

六、草擬公路聯絡計畫

七、草擬黃河修防自給辦法

八、草擬巡河辦法

九、研究三省河防工程

實在說起來，防汛方面的工作，應該補充，但本會限於經費，很是困難。

八、導渭工程

關於導渭工程，會籌到十萬元的經費，於是本會乃組織導渭工程處辦理此事。現在所作的工作，已屬不少。如寶鷄峽蓄水庫之測量，查勘，設計，同時並用飛機施測西安潼關渭河的地形，這不過是順便舉幾點，其他還有，姑不詳述。

九、事務方面

本會是技術機關，但所有的事務與技術是分不開的。如辦理兩次大會，每次提案都有八九十件，會前會後，都很忙碌，實在難分是技術的或是事務的。差不多每項中都有事務的成分在內。因爲各項工作，是若干成分湊合到一塊，所以很難加以清楚的界限。我們不妨把事務方面的工作，略述一二，也見事務方面的人員是同樣的忙碌。絲毫不敢懈怠的。事務方面，可分三部來說：一，文書，二，會計，三，事務。文書方面，除辦理日常公文以外，如編訂大會議程，紀錄議事，整理決議案，編譯刊物，管理圖書，及人事登記與銓叙等等，終日是很忙的。會計方面，人數甚少，只有五人，而本會的會計事情，又特別繁雜，亦是忙個不了。事務方面，亦是僅有五人，除有特別事項須奉派出差外，其餘的一切購置瑣碎事情，均是他們辦理，也是須臾不閒。

以上是本會成立一年以來工作的大概狀況。在這一年之間，一切事業是初創，既無現成的規律可以奉行，又無舊有的習慣可資沿循。所以在此時期，特別煩難，各同仁也特別辛苦。但自此以後，一切的事情都有了基礎了，當更順利些，所以我希望第二次週年紀念的時候，我們的工作要比現在加倍又加倍才好。

黃河概況及治本探討

中華民國二十四年六月出版

編輯者　黃河水利委員會
開封教育館街

發行者　黃河水利委員會
天津法租界三一號路

報　印股

定價　每冊一元二角

對于山東董莊黃河堵口工程合龍閉氣之談話及根本治黃之意見

此次鮮樑奉命接辦董莊堵口工程，上蒙中央之指導，復承各方之協助，下賴同人之努力，幸於三月二十七日，慶告合龍，四月六日閉氣工作竣事。從此蘇魯災區民衆，得以歸田．不悞春耕，差堪自慰；但回憶以往堵合之經過，與夫未來之隱患，承各界垂詢殷殷，實有不能已於言者：查接辦之初，已成全河奪溜，施工之難，爲人皆知，旣封河無法運料，復土凍難以興工；鑿冰通航，人譏笑之，挖凍取土，人非議之，實行計劃，毀謗突來，主張引河，復招反對；於百難中，不得不力持鎮定，工款兼籌，堅毅邁進，時歷三月，無日不在荆棘中，而督工尤感艱困，良因堵口工程，以全河奪流爲最難治，鄭工即其明證。若按舊法，採用稭埽進堵，各河局員兵，現能者因屬甚少，而採用柳石枕堵合法，有經驗者更不多覯，且工程浩大，又非兩者兼用不可。加以由各河局調來員兵，混合一工，既非平素親自訓練之基本工程隊，指揮上極爲不易；而工作艱難，一草一木，一稭一石，籌慮未周，即足以牽動全工，成敗在一刹那。主其事者，非時時刻刻，全局統籌，眼到口到，手到足到，處處事事，運以精心果力，不足以著功。榕於此次感受種種痛苦中，更知欲整個黃河治好，必須將三省河局統一起來，另行組織健全之統轄機關；再加以採取財政公開主義，一如此次董工之請國府主計處派會計主任，審計部派稽核專員，財政部派出納監理使會計實行獨立，方能有良好辦法。益進一步言之，非具有殉河之大無畏精神，不能使全河不決口。再換言之，不如此亦不能操堵口必成之勝算。故榕於前次經委會水利委員會會議席上，有如此次不能堵合，事實上不待國家之懲罰，在目覩兩省災民慘痛，以及導淮治江數省江河流域治安關係之重要，必當有以自裁之宣言！當馮樓貫台之役，家母年邁，均

三

在病中。曾執榕手曰「汝當以國爲重，勿以家爲念，汝當以民爲重，勿以我爲念，則我病必愈」榕前兩次堵口成功者，皆繫於此。今次之奉命接辦董工也，家母又在病中，實未敢再使家母知，但未省覲者，已三閱月矣。今幸堵口成功，倖得慶生還，以慰家母，然亦可見我未負民，天不我負。溯自董莊決口，河流乃變南移，故河南所幫南岸之小新堤，東壩頭，關考汛，河北所幫南岸之尖鷄嘴，冷寨，劉莊，山東所幫南岸之朱口，直至臨濮集，董莊一帶，皆生巨險。今歲之隱患，恐仍在此數處，是皆因決口後，溜水南行，引溜南趨之所致。此榕所以竭力主張堵董莊之口，挑姜莊之河，用江蘇墻頭延長以挑溜北移，導流歸槽，仍順老河引河下注，行於南有民埝及南堤，北有民埝及金堤，兩層保障之間。河走中泓，非但附近堤岸之險工，得以免除，且適足以減輕上列各險工直受大溜南向冲刷之危險。果能依照日前在汴本黃利會所召集三省河局修防會議議決之辦法，依期辦理，再加各河局亦能抱河決必殉，工款兼籌，日夜猛進不休之真誠志願，當能免去近歲之再遭潰決。惜乎姑以一事以證明之，予不禁爲前途憂！即河北之易南一段段長王尙德也。查王尙德於馮樓貫台兩次堵口皆隨椿在最前綫親自工作，並指揮工兵長夫，冒險猛進，係堵口成功之異常出力有功幹員，而今次又在前綫東壩，隨搶在極危極險之口門，抛枕搶堵衛鋒成功，挽回大溜，慶告合龍，而又在閉氣工作上身先兵夫，推枕抛袋，化險爲夷，以使閉氣完成，取得首功；乃冀河局竟不加察，明知被調服務首工，竟率爾易其段長之職。而尤堪痛心者，所易之繼任該段段長，並非具有河工技術及經驗人員，使之管理一重要工段之河堤，能不潰決乎？於此更可見各局各段人選之監督考察，亦非有統一管轄機關，不能發生效力也。至於治理黃河標本兼施辦法，檔前已擬具議案，呈蒙中央交由經委會審核；即上游採取造林防沙，中游攔洪緩沙，下游減水分沙，尾閭束水攻沙，而於整個治沙中尤注重於疏導二字。甚冀所擬辦法，得以實現，或有裨益于萬一。惟榕經馮樓，貫台，及董莊三次堵口，神經盡瘁，筋骨勞疲已極，又兼胃疾復發，亟擬遵醫之囑，少事休養，但不卜能否如願耳。謹佈悃誠，用答問者，願海內關心治黃之賢達有以教我，幸甚！黃河水利委員會代委員長兼主辦山東董莊黃河堵口工程事宜孔祥榕。二十五，四，十。

後記

我是從數學史學習中逐步瞭解治黄史的。漢代《許商算術》的作者許商，好天文術數之事的王景、李尋善，他們既是數學家，又以治理黄河而聞名。我國現存最早的河工著作《河防通議》，將中國古典數學天元術運用到治黄工程中，創造了中國古代工程數學的一個高峰。除了數學史之外，内蒙古師範大學科學技術史研究還以少數民族科技史和地方科技史見長。李迪先生曾指出地方科技史研究的重要内容是人與自然環境變遷、科技遺迹與自然環境以及環境與生産的關係，此類研究具有明顯的現實意義和重要價值。想要通過大科學史研究，弄清變遷的原因和未來的發展趨勢，産出對于地方各方面的開發有更大、更直接價值的成果，這類研究大多離不開文獻。之後，李迪先生更是直接指出科技史研究不僅是對過去的科技工作和科技成果的回顧與總結，而且要着眼于現代，讓古人的發明創造爲今人服務，繼續在現代發揮其應有的作用。我將先生大科學史的治學理念視爲座右銘，在科研工作中更加注重讓科研成果服務于國家戰略與區域發展需求。

二〇一九年九月，習近平總書記在黄河流域生態保護和高質量發展座談會上指出，黄河流域在我國經濟社會發展和生態安全方面具有十分重要的地位。黄河流域生態保護和高質量發展是重大國家戰略。同年十月，黨的十九届四中全會提出『加强邊疆治理，推進興邊富民』，首次把邊疆治理寫入黨的文件。内蒙古師範大學組織科研力量，積極申報研究闡釋黨的十九屆四中全會精神的國家社科基金重大項目，其中『中國特色社會主義民族區域自治制度自信研究』項目獲批。我承擔其中的『鑄牢中華民族共同體意識下的民族自治地方文化自信研究』子課題，而黃河是首選文化要素。二〇二四年，該項目順利結項，我也對黃河文化所蘊含的時代價值有了更深的體會。

有鑒于此，我帶領文化遺産智能應用服務中華民族共同體建設『英才興蒙』團隊，以黃河爲主題，開展了文獻、文物、傳統工藝等多模態資源庫建設和跨模態應用示範工作。這次與内蒙古人民出版社合作出版的《黃河國家治理文獻集成》，旨在梳理和總結文獻中所蘊含的歷史經驗和文化信息，爲當代及未來的黃河治理和地方文旅産業發展提供參考與借鑒。

感謝内蒙古民族文化産業研究院、巴彦淖爾市圖書館等单位的傾力相助，感謝内蒙古自治區黨委宣傳部、内蒙古出版集團、内蒙古人民出版社對本項目的支持與幫助。

在此，也向致力于黃河治理和大河安瀾的歷代先賢與當代典範表達崇高的敬意：你們的不懈努力與無私奉獻，爲黃河的安寧與人民的福祉築起了堅實的防綫；你們的智慧與勇氣，將永遠銘刻在中華民族的歷史豐碑上，激勵後人不斷前行。

董杰

二〇二五年一月